国防科技大学惯性技术实验室优秀博士学位论文丛书

基于位置约束和航向约束的仿生导航方法研究

Research on Position and Orientation Constraints Based Bio-inspired Navigation

马　涛　张礼廉　胡小平　何晓峰　练军想　著

国防工业出版社

·北京·

内 容 简 介

本书以无人平台为应用背景,在深入分析动物导航定位机理的基础上,重点研究了基于网格细胞和位置细胞的位置识别算法、基于昆虫天空偏振光敏感机制的定向方法和基于多传感器组合的混合空间仿生导航算法等内容。

本书对从事仿生导航系统设计及实验的工程技术人员具有重要参考价值,也可作为高等学校自主导航相关专业的研究生教材。

图书在版编目(CIP)数据

基于位置约束和航向约束的仿生导航方法研究/马涛等著.—北京:国防工业出版社,2020.5
ISBN 978-7-118-12011-0

Ⅰ.①基… Ⅱ.①马… Ⅲ.①仿生-应用-导航-方法研究
Ⅳ.①TN96

中国版本图书馆 CIP 数据核字(2020)第 027956 号

※

国防工业出版社 出版发行
(北京市海淀区紫竹院南路 23 号 邮政编码 100048)
北京龙世杰印刷有限公司印刷
新华书店经售
*
开本 710×1000 1/16 插页 2 印张 11¼ 字数 188 千字
2020 年 5 月第 1 版第 1 次印刷 印数 1—1500 册 定价 85.00 元

(本书如有印装错误,我社负责调换)

国防书店:(010)88540777 发行邮购:(010)88540776
发行传真:(010)88540755 发行业务:(010)88540717

序

大学之道,在明明德,在亲民,在止于至善。

——《大学》

国防科技大学惯性导航技术实验室,长期从事惯性导航系统、卫星导航技术、重力仪技术及相关领域的人才培养和科学研究工作。实验室在惯性导航系统技术与应用研究上取得显著成绩,先后研制我国第一套激光陀螺定位定向系统、第一台激光陀螺罗经系统、第一套捷联式航空重力仪,在国内率先将激光陀螺定位定向系统用于现役装备改造,首次验证了水下地磁导航技术的可行性,服务于空中、地面、水面和水下等各种平台,有力地支撑了我军装备现代化建设。在持续的技术创新中,实验室一直致力于教育教学和人才培养工作,注重培养从事导航系统分析、设计、研制、测试、维护及综合应用等工作的工程技术人才,毕业的研究生绝大多数战斗于国防科技事业第一线,为"强军兴国"贡献着一己之力。尤其是,培养的一批高水平博士研究生有力地支持了我军信息化装备建设对高层次人才的需求。

博士,是大学教育中的最高层次。而高水平博士学位论文,不仅是全面展现博士研究生创新研究工作最翔实、最直接的资料,也代表着国内相关研究领域的最新水平。近年来,国防科技大学研究生院为了确保博士学位论文的质量,采取了一系列措施,对学位论文评审、答辩的各个环节进行严格把关,有力地保证了博士学位论文的质量。为了展现惯性导航技术实验室博士研究生的创新研究成果,实验室在已授予学位的数十本博士学位论文中,遴选出 12 本具有代表性的优秀博士论文,结集出版,以飨读者。

结集出版的目的有三:其一,不揣浅陋。此次以专著形式出版,是为了尽可能扩大实验室的学术影响,增加学术成果的交流范围,将国防科技大学惯性导航技术实验室的研究成果,以一种"新"的面貌展现在同行面前,希望更多的同仁们和后来者,能够从这套丛书中获得一些启发和借鉴,那将是作者和编辑都倍感欣慰的事。其二,不宁唯是。以此次出版为契机,作者们也对原来的学位论文内容进行诸多修订和补充,特别是针对一些早期不太确定的研究成果,结合近几年的最新研究进展,又进行了必要的修改,使著作更加严谨、客观。其三,不关毁誉,唯求科学与真实。出版之后,诚挚欢迎业内外专家指正、赐教,以便于我们在后续的研究工作中,能够做得更好。

在此,一并感谢各位编委以及国防工业出版社的大力支持!

吴美平

2015 年 10 月 9 日于长沙

前　言

　　长航时高精度自主导航技术是无人平台亟待解决的瓶颈技术之一。目前，惯性导航和卫星导航是无人平台使用的主要导航手段，卫星导航系统信号微弱，极易受到干扰，战时面临失效的巨大风险，惯性导航系统因其能够提供自主性及全维导航信息而成为无人平台的核心导航设备，而惯性导航系统存在导航误差随时间累积的固有弱点，单独使用难以满足长航时的导航需求。近些年来，随着仿生、微电子、微纳米等技术的不断发展，仿生导航技术逐渐成为导航技术领域的研究热点，为强电磁干扰等复杂环境下无人平台的自主导航提供了一种全新的技术途径。

　　本书以无人平台为应用背景，在深入分析动物导航定位机理的基础上，重点研究了基于网格细胞和位置细胞的位置识别算法、基于昆虫天空偏振光敏感机制的定向方法和基于多传感器组合的混合空间仿生导航算法等内容。主要研究工作和研究成果总结如下：

　　（1）针对现有位置识别算法存在错误识别和计算量大等问题，在深入分析啮齿目动物网格细胞和位置细胞激活特性的基础上，提出了一种基于网格细胞的拓扑图构建方法和基于位置细胞的拓扑图顶点识别算法。相比现有的位置识别算法，有效地降低了位置识别的错误率、提高了算法的效率和位置识别精度。

　　（2）大气散射模型中 Mie 散射相比 Rayleigh 散射，能够更加准确地描述天空偏振光样式，针对能否利用 Mie 散射模型开展天空偏振光定向研究的疑问，从理论分析和实测实验两方面明确了目前最适合应用于导航定向的大气散射模型是一阶 Rayleigh 散射模型，量化评估了一阶 Rayleigh 散射模型在不同天气条件下描述天空偏振样式的精确程度，为利用天空偏振光精确定向提供了理论依据和实验案例支持。

　　（3）充分利用偏振光传感器的原始输出信息，提出了一种基于最小二乘法的偏振光传感器偏振态输出算法，提高了偏振角和偏振度的计算速度和计算精度。应用标定光源偏振度的常值约束，将偏振光传感器的标定问题转化为多目标优化问题,提出了一种基于 NSGA-Ⅱ的偏振光传感器标定算法,有效地解决了现有标定方法的病态性问题,并且,该算法的参数估计精度明显高于现有误差标定算法。此外,还给出了一种基于偏振度和水平角辅助的航向角估计算法,实验结果表明,该方法可有效地提高航向角估计精度。

(4)提出了一种在欧几里得空间内基于等式约束优化的偏振光/视觉组合导航算法,并采用乘子法求解,有效地抑制了视觉里程计航向角的发散和定位误差的累积。针对仿生导航算法侧重环境结构描述,定位、定向精度较低的问题,将欧几里得空间内基于偏振光/视觉的仿生导航算法与拓扑空间内基于位置细胞的仿生位置识别算法有机地结合在一起,提出了一种混合空间内基于多传感器组合的仿生导航算法,能够同时约束航向角和定位误差的发散,为解决载体长航时、高精度的自主导航难题探索了一种新的技术途径。

目　录

第1章 绪 论

1.1 研究背景

为了适应未来战争的需要,各军事强国都在极力发展能够主宰未来战场的先进武器,其中无人平台的发展将成为各国武器装备中的重要组成部分。在未来现代化战争或局部战争中,无人平台与有人平台的配合使用将在防空反导、对敌侦查,以及对移动或重点目标实施有效干扰和突袭等任务中进一步提高攻击一方的进攻能力与作战灵活性,使战争的形态发生改变[1]。

无人平台的安全性能是影响其进一步普遍应用的关键问题,其中,导航技术占有相当重要的地位,高可靠性的综合导航系统是空中和地面无人平台的核心部件。惯性导航系统(Inerial Navigation System , INS) 是最常用的自主导航方式,具有抗干扰性强、导航信息完全、实时性强等优势,广泛应用于无人系统,但由于成本高、定位误差随时间累积,单独使用难以满足长航时无人系统的导航需求[2]。因此,近年来,大多无人平台采用 INS 与卫星导航系统(Global Navigation Satellite System , GNSS)进行组合导航[3],但卫星导航系统信号微弱、极易受到干扰[4]。以 GPS 为例,GPS 卫星距离地表约 20200km,到达接收设备的 GPS 信号约为-160dBW,甚至比热噪声还要低 20dB[5],如此微弱的信号,使得 GPS 信号极易受到干扰而无法正常工作。1997 年,俄罗斯在莫斯科航空展览会上展示了一种 GPS/GLONASS 干扰机,俄罗斯专家称,这种干扰功率 8W、重 3kg 的干扰机的有效干扰范围可达几百千米[6]。同年,美国联邦航空局负责电子对抗的研究部门对 GPS 进行干扰测试表明,干扰功率 1W 的干扰机在天线指向为水平线以上不超过 2°的情况下,能对 200km 范围的 GPS 接收机进行干扰[7]。因此,随着“导航战”的发展,卫星信号干扰机和反卫星导弹等技术的广泛应用,将使这些过度依赖于卫星导航定位技术的无人系统在战时面临失效的巨大风险,这无疑给无人平台的长航时自主导航带来巨大的挑战。适用于无人平台长航时的自主导航技术已成为制约无人系统发展的瓶颈技术。

为了克服"导航战"的严峻挑战,降低无人平台对卫星导航定位系统的依赖,除了采用完全自主的高精度惯性导航技术之外,还需要积极探索新的导航方法和手段。其中,很多研究者把目光聚集到大自然中具有惊人导航本领的动物身上,也就是向自然界中的动物学习导航方法,研究仿生导航技术。仿生导航技术是仿生学的一个分支,是观察、研究和模拟自然界中具有特殊导航本领的生物的科学技术。近些年来,随着跟踪技术的发展,包括声学跟踪技术[8]、卫星跟踪技术[9,10]等,仿生导航技术已逐渐成为研究的热点以及多学科交叉的前沿。2014 年的诺贝尔生理学或医学奖授予美国科学家 John O'Keefe 和挪威科学家 May-Britt Moser 与 Edvard Moser 夫妇,以肯定和鼓励这 3 位科学家发现了大脑中形成定位系统的细胞,更是激起了学者对动物导航机理及仿生导航技术研究的更加广泛的关注[11-13]。国外许多研究学者基于大脑位置和网格细胞的定位机理,已经开始探索研究基于视觉的仿生导航新方法[12-16]。

本书以地面无人平台为应用背景,利用偏振光信息、微惯性信息和视觉信息,以自然界啮齿目动物、昆虫等所具有的导航本领为启示,深入研究了基于多传感器组合的仿生导航方法,重点解决卫星信号拒止情况下的自主导航难题,具有重要的理论价值和应用前景。

1.2 研 究 现 状

▶ 1.2.1 位置识别技术研究现状

位置识别问题一般通过对比两幅图像的视觉特征判断是否为同一位置[17-22]。视觉特征是位置识别的基础,选用何种特征将直接影响位置识别的效果。大多数位置识别算法采用的视觉特征可以分为两种类型,即全局特征和局部特征。其中,全局特征用来描述整幅图像的视觉特征,如直方图[17]、Gist 特征[18]和离散傅里叶变换[19]等;局部特征用来描述图像中区分度较大的点或者线特征,如 SIFT 特征[20]、SURF 特征[21]和 Harris 点特征[22]等。由于视觉特征是根据图像信息人为设计的,虽然具有一定的不变性和差异性,但是随着环境、拍摄角度或者尺度的变化,现有特征可能不再适用,从而导致最终识别算法的环境适应能力较差。同时,对环境进行描述的视觉特征往往非常多,将实时图像的视觉特征与基准图像的视觉特征进行匹配时需要在庞大的视觉特征库中进行搜索,难以满足实时性的要求[23]。

2008 年,英国牛津大学的 Paul Newman 等在图像检索系统 Bag-of-Words[24,25]

的启发下,提出了 FAB-MAP 算法[26]。该算法通过聚类,将相似的 SIFT 特征归为一个视觉词语,不同的视觉词语构成视觉词典,以此描述图像信息。视觉词典忽略了相似特征点之间的差异性,将其归为一类,不仅有效地压缩了视觉特征的数量,而且还可以有效地应对环境的变化。视觉词典中,虽然每一个视觉词语仍然采用 SIFT 点特征的描述方式,但一个视觉词语并非描述图像中的某一个特征点,而是特征空间中该特征点邻近区域的一类特征点。在图像的匹配阶段,FAB-MAP 不是逐一搜索匹配,而是通过对比视觉词语共同出现的概率计算两幅图像的相似度,从而极大地缩短了图像的匹配时间。2010 年,该研究小组提出了 FAB-MAP 的改进版本 FAB-MAP 2.0[27]。FAB-MAP 2.0 对每一个在环境中出现的视觉词语都建立了反向索引,当实时图像中出现某个视觉词语时,能够快速搜索出该词语出现过的图像,从而减少了搜索空间。同时,还加入了运动模型,只有来自相近位置,且图像相似度高的两幅图像才会被认为是同一个位置。该算法成功应用于室外 1000km 的在线图像识别实验中。

2015 年,澳大利亚昆士兰科技大学的 Niko Sünderhauf 等[28]将卷积神经网络用于地面无人车的位置识别中,他们发现来自中层网络的特征对环境变化具有很好的适应性,而高层特征则对视角变化具有很好的适应性。他们根据图像的纹理信息在图像中划出不同的方框区域,对每一个方框区域中的图像信息用中层卷积神经网络特征描述,实现了对室外环境中建筑物、道路等的结构性描述。车载实验结果表明,该方法在环境、光照、气候和视角等发生变化的情况下仍然具有较高的位置识别成功率。

同时,有学者通过仿照动物的位置识别机制和信息处理方法,解决实际的位置识别问题,并开展了许多非常有意义的研究工作。

2000 年,葡萄牙里斯本机器人系统研究所的 Jose Gaspar 等[29]认为当前基于视觉的识别方法都需要进行大量的数学计算,而自然界中的昆虫在非常有限的感知和计算能力的条件下,仍然能够实时处理复杂的识别问题,究其原因,主要是所应用的"视觉几何"不同造成的。作者认为,昆虫复眼所具有的大视角特点更加适合视觉识别用途。Jose Gaspar 仿照昆虫复眼的这一特征,仅用一个 360°全景摄像机作为传感器,构建了一个非常简单的视觉识别系统,室内导航结果验证了识别方法的快速性和有效性。

2004 年,澳大利亚昆士兰科技大学的 Michael Milford 等[30]提出一种模仿老鼠海马区位置细胞(Place Cell)定位机理的仿生位置识别算法 RatSLAM。该算法使用了一种 CAN(Continuous Attractive Network)神经网络模型[30,31],模型中每个神经元(位置细胞)之间用权重连接,神经元的活跃程度通过周围的神经元加权求和得到。当载体运动时,根据运动模型激活位置细胞;当载体识别出当前位置为曾经到达过的场景时,对应的位置细胞被激活;当连续观测到相似场景时,位置细胞活跃度逐渐增强;当且仅当对应的位置细胞活跃度达到某一阈值时,认为识别成功。

2008 年,英国林肯大学的 Feras Dayoub 等[32]以移动服务机器人为应用背景,以机器人所在工作场地的外观作为特征,将机器人当前视图与离线提取的视图进行匹配,估计机器人在环境中所处的位置。为了适应自然环境中工作场地外观的不断变化,文章中提出了一种基于人脑记忆系统的短期和长期记忆的概念,并采用这种概念来更新某一特定位置所对应的参考图像的特征点,以保证该位置所对应的参考图像始终是适合的。

2012 年,Michael Milford 等在 RatSLAM 的基础上,提出了识别正确率更高、适用范围更广的 SeqSLAM 算法[33]。该算法认为仅用一幅图像进行匹配,随着拍摄角度、光照条件的变化,非常容易造成匹配结果的不确定,甚至错误。然而,采用连续时间的图像序列作为匹配对象与数据库中的图像进行匹配,将会很大程度消除这种不确定性和错误,得到更加准确的识别结果。实验结果表明,即始将图像压缩到很低分辨率,该位置识别算法也能很好的适应天气、气候、光照的变化[34]。

2016 年,澳大利亚昆士兰科技大学的 James Mount 和 Michael Milford 将 SeqSLAM 算法推广到了二维空间,即使在室内光照较暗的情况下,该算法也取得了很高的正确识别率[35]。

在国内,关于图像匹配在导航定位领域中的研究较少。其中,哈尔滨工业大学的侯建[36]以月球车为研究对象,针对月球表面地形相对平坦的特点,提出了一种适用于平面地形的视差线性变化约束,并在此基础上给出了一个多级匹配算法。算法首先对图像中特征明显的点进行匹配,然后再利用视差线性变化约束辅助后续点的匹配,取得了相比传统方法更高的定位精度。国防科技大学的朱宪伟[37]以可见光与红外以及雷达图像之间的异源配准为研究对象开展了深入研究,提出了基于结构支持度的异源图像配准思路。

▶ 1.2.2 偏振光定向技术研究现状

自然界中有许多生物能够利用大气偏振样式进行定向,如撒哈拉沙漠中的蚂蚁能够利用偏振光定向觅食,即使沙蚁在远离巢穴百米开外的地方找到食物后,也能够径直地返回巢穴[38,39],还有蟋蟀、蝗虫等,也都具有利用偏振光定向的能力[39-43]。除此之外,大量的海洋动物,如一些鱼类和软体动物,也能够感知偏振光,并利用其定向和导航[44]。甚至有些甲壳类动物,还能够感知月光的偏振样式[45]。

复眼是昆虫的主要视觉器官,昆虫之所以能够感知偏振光,与昆虫复眼的特殊结构和功能是分不开的。生物学家研究发现,昆虫复眼背部边缘区域(DRA)是一小块朝向天空的区域,正是这部分区域的小眼具有很高的偏振敏感特性[46,47]。1988年,瑞士苏黎世大学的 Thomas Labhart 根据蟋蟀的 DRA 小眼结构,提出了偏振敏感神经元的模型[40]。基于这一神经元模型,国内外学者展开了广泛的、基于昆虫复眼的偏振光传感器研制及定向技术研究[48-52]。

仿照蟋蟀感知天空偏振光的机理研制偏振光传感器首先由瑞士苏黎世大学的 Dimitrios Lambrinos 等于1997年提出[48]。论文中,他们仿照蟋蟀感知天空偏振光的机理研制出了仿生偏振光传感器,传感器中的重要组成部分——偏振对立单元(Polarization-Opponent Units,POL-OP Units)就是仿照蟋蟀 DRA 小眼偏振敏感神经元(POL-neurons)设计的。每个偏振对立单元中,两个偏振敏感单元彼此是呈正交安装的,这与蟋蟀小眼中微绒毛的正交排列是相对应的。因为蟋蟀的小眼由3种不同方向的偏振敏感神经元组成,所以传感器中也设计了3个方向的偏振对立单元,与传感器的0°参考方向分别呈0°、60°和120°。2000年,Lambrinos 等人在研制的偏振光传感器基础上,给出了偏振对立单元的数学模型和入射偏振光偏振态的解算方法,并将昆虫的导航策略应用到移动机器人 Sahabot 2 的自主导航上。这种偏振光传感器的缺点就是求解的偏振角存在180°模糊度的问题,因为偏振样式在天空中关于太阳子午线是呈对称分布的。Lambrinos 等解决这个问题的方法是利用8个不同朝向的光强传感器探测周围环境中的光强,以此辨别太阳的大致方向而达到消除模糊度的目的。实验中,经过误差校正后,该偏振光传感器输出的角精度为±1.5°[48,49,51]。

2004年,美国喷气推进实验室 Sarita Thakoor 等人与澳大利亚国立大学 Javaan Chahl 等人在 NASA 的支持下开始研究偏振光辅助下的飞行器视觉导航项目,拟用于火星表面的航空探测。文中认为火星上没有可以使用的磁场,太阳罗盘和偏振光罗盘是很好的、可用于辅助定向的选择。然而,相比于太阳罗盘的点样式,偏振光罗盘的全天空分布样式更加鲁棒,被认为是应对火星多磁极、低重力以及无线电导航困难等情况保持航向很好的选择,而这一工作正在持续进行当中[53]。

2011年,日本京都理工学院的 Yoshiyuki Higashi 等人也研制了一款偏振光传感器,该传感器结构简单,仅由3个偏振敏感单元构成,与传感器的0°参考方向分别呈0°、60°和120°方向安装。文中认为,相比 Lambrinos 设计的仿生偏振光传感器,该传感器在感知偏振光的灵敏度方面稍劣于六通道的偏振光传感器,但是传感器的重量和使用的光电二极管等光电元器件均为六通道偏振光传感器的1/2。论文中分别利用磁传感器和偏振光传感器作为导航手段进行了小车实验,通过对比发现,利用该偏振光传感器能够达到与磁传感器相同级别的定向精度[54]。文中使用的磁传感器为 Honeywell 公司 HMC6352 双轴数字集成磁罗盘,定向精度为 9°(均方根值)。

2012 年,澳大利亚南澳大学的 Javaan Chahl 根据蜻蜓复眼 DRA 区域的偏振光敏感机制,研制了一款仿生偏振光传感器[55]。与 Yoshiyuki Higashi 设计的偏振光传感器类似,该仿生偏振光传感器由 3 个偏振敏感单元构成,与传感器的 0°参考方向分别呈 0°、60°和 120°方向安装。在使用偏振光传感器之前,文中利用外部高精度转台提供的旋转角度参考基准,对传感器中每个光电二极管的电压零偏和刻度因子进行了标定,补偿了标定之前超过 20°的线性误差[55]。2013 年,Javaan Chahl 以小型无人机为载体做了机载实验[56],并以经过精确标定的磁罗盘作为航向参考基准对偏振光传感器进行了定向精度评估,飞行实验结果表明,基于偏振光传感器得到的航向角与磁罗盘输出的航向角非常接近,只有在转弯部分相差较大。文中认为造成这种现象的原因是基于偏振光传感器的航向解算方法在计算过程中没有补偿水平姿态,而这一技术在后续研究中是有待解决的。但是文中强调,这种现象在蜻蜓的定向过程中不会发生,因为蜻蜓即使在转弯过程中也能保持头部处于水平状态[56]。尽管存在一些缺点,但 Javaan Chahl 始终认为无人驾驶航空航天领域是偏振光罗盘最有前途的应用领域[55,56]。

同时,还有学者利用偏振片和相机设计基于图像的偏振光传感器,用来研究大气偏振模型[57-60]。也有学者基于微纳加工工艺,采用在 CCD 或者 CMOS 成像阵列上加工偏振片阵列的方式研制仿生偏振光传感器,用来获取环境中的偏振图像或进行移动目标探测等用途[61-63]。这些基于图像或者传感器阵列的偏振光传感器虽然测量原理与上述基于光电二极管的偏振光传感器类似,但是能够一次同时探测不同入射方向的大量偏振光信息,这一优势在设计新的偏振光传感器方面,具有很高的参考价值。

近年来,随着动物导航机理研究的深入,以及微纳加工技术、传感器技术、计算机技术等技术的迅猛发展,国内的仿生偏振光定向技术研究迅速发展,已成为当前导航技术领域研究的热点之一。

2006 年,大连理工大学的褚金奎率先展开了仿生偏振光传感器的研究,研制出了仿生偏振光传感器的原型样机[64],并在结构设计、信号处理等方面不断完善,于 2008 年研制出一种新型的仿生偏振光传感器[65]。该偏振光传感器的工作原理与 Lambrinos 设计的传感器相同,由 3 个方向的偏振对立单元,即 6 个偏振敏感单元构成。3 个方向的偏振对立单元的安装与 Lambrinos 所设计的平行排列方案不同的是,该传感器采用正三角形排列安装的方案[65,66]。褚金奎等对该偏振光传感器的误差进行了详细分析和标定[67,68]，其中包括光电二极管的暗电流误差[67]和刻度因子误差[68]，以及偏振片的安装角误差[68]，并给出了一种基于最小二乘的标定算法，该方法用来拟合这些误差，并通过最终的计算结果消除，但文中并未给出传感器误差标定参数的估计方法[66]。在前期研究工作的基础上，2009年，赵开春提出了一种改进的传感器偏振角计算方法，在不同的情况下选择性地使用3个偏振对立单元中的2个测量数据求解偏振角信息，最终取得的传感器输出偏振角精度达到±0.6°[69,70]，利用BP神经网络误差补偿方法进行补偿后，精度可以进一步提高到±0.2°[70]。

2008年，合肥工业大学高隽研制了四通道的偏振光传感器，该传感器由2个不同方向的偏振对立单元，也即4个偏振敏感单元构成；2个偏振对立单元与传感器的0°参考方向分别呈0°和60°方向安装[71]。2011年，范宁生利用该传感器在不同天空条件下做了测试实验，实验结果显示，该偏振光传感器的输出角误差的平均值在晴天、多云天和阴天分别为0.21°、0.40°和1.13°，同一方向、多位置重复测量误差约为0.48°[52]。

2013年，中北大学刘俊研制了与合肥工业大学高隽相同的四通道偏振光传感器，在晴朗无云的天气情况下，传感器的输出角误差均值为0.47°[72]。2015年，该研究小组又研制了六通道的偏振光传感器[73]，该传感器与大连理工大学的褚金奎教授团队设计的偏振光传感器原理相同、结构相似，其中多了一个光强检测单元，用来感知外界环境光强的变化[74]。2016年，该研究小组应用激光器、垂直和水平位移台、夹具和偏振分析仪对传感器偏振片进行精密安装，确保安装角误差控制在0.1°量级；同时对传感器的暗电流进行了标定[74]。在晴朗无云的天气情况下，该传感器输出偏振角的平均误差优于0.5°，最大误差小于1°[74]。

同时，北京宇航智能控制技术国家重点实验室的江云秋[75]、中国科学院上海光学精密机械研究所的李代林[76]、哈尔滨工业大学的黄显林[77,78]等均开展了偏振光辅助导航、定向的相关研究。

本书作者所在课题组对偏振光定向理论和方法展开了深入研究，并研制了六通道的仿生偏振光传感器[79,80]。针对偏振光传感器的误差分析与标定[79,81]、输出偏振角解算方法[80]、航向角求解方法[82]和大气散射模型误差评估[83,84]等关键技术进行了技术攻关，并进行了车载实验，验证了偏振光定向技术应用于无人平台自主导航的可行性。

▶ 1.2.3 仿生导航技术研究现状

视觉导航研究涉及光学、图像、模式识别、计算机和导航等多个学科，由于视觉导航的自主性、廉价性和可靠性,已逐渐成为导航策略研究领域的热点。当前仿生自主导航技术的研究,主要以地面机器人为研究对象,采用视觉摄像机作为传感器,仿照生物的导航策略而开展导航技术研究。

1971年,美国科学家 John O'Keefe 和他的学生 Dostrovsky 在海马体中发现了位置细胞(Place Cells)[85];2005年,挪威科学家 May-Britt Moser 与 Edvard Moser 夫妇在背尾端内侧内嗅皮质(dMEC)中发现了网格细胞(Grid Cells)[86],3人因此共享了2014年的诺贝尔生理学或医学奖,以肯定和鼓励这3位科学家发现了大脑中形成定位系统的细胞。细胞学和神经解剖学等在动物导航机理研究方面取得的突破,极大地激起了工程领域的科学家对仿生导航技术研究更加广泛的关注[11-13]。

2004年,澳大利亚昆士兰科技大学的 Michael Milford 等[30]提出了一种模仿老鼠海马区位置细胞(Place Cell)定位机理的仿生自主导航算法 RatSLAM。该算法根据位置细胞的定位机理,提出了一种基于局部激励和全局抑制的 CAN 神经网络模型,并结合基于图像信息的旋转与速度感知原理,很好地模拟了鼠类感知环境和识别位置的机制,并成功地进行了66km的车载实验[31]。2010年,Milford 等认为[87],虽然 RatSLAM 算法中 CAN 模型的提出在网格细胞发现之前,但是 CAN 神经网络模型具有与网格细胞相似的功能,该模型可以很好地解决机器人在环境中出现感知模糊的问题。

2006年,法国塞吉-蓬图瓦兹大学的 Christophe Giovannangeli 等[88]采用类似 RatSLAM 的方式,提出了一种基于位置细胞模型的视觉导航算法,而且不需要构建外部环境的尺度地图。该算法中位置细胞对应在线学习的地标所对应的视觉特征,位置细胞的活性可以为机器人提供一个内部的定位和测量。位置细胞之间的相互作用即可引导机器人返回之前学习过的位置,或者引导机器人沿着一个任意的视觉路径移动。该系统能够在室内和室外环境中,以近似相同的计算负荷完成移动任务,而且能够很好地应对目标或者地标的添加或者移除、出现移动障碍物等突发状况。

2012年,美国波士顿大学的 Ugur M. Erdem 等[14]在对方向细胞(Head Direction Cell)、网格细胞(Grid Cell)和位置细胞(Place Cell)的导航机理进行深入研究的基础上,提出了一种基于网格细胞的目标导向空间导航模型。2014年,该研究小组在前期研究的基础上,利用 RatSLAM 算法进行闭环检测、修正视觉里程计的累积误差,提出了一种基于多尺度目标探测的 HiLAM(Hierarchical Look-Ahead Trajectory Model)仿生导航算法[13,15]。该算法在 RatSLAM 闭环检测技术的辅助下,利用网格细胞和位置细胞的模型实现对环境的表达,同时使用一种分等级的、多尺度线性预估探测器探测目标,利用探测的结果来选择通往目标的轨迹,实现了机器人的全自主视觉导航。

2013 年,比利时安特卫普大学的 Jan Steckel 等[89]提出了一种基于仿生声纳技术的仿生导航算法 BatSLAM。研究人员将一个仿生声纳传感器安装在移动机器人上,利用声纳信息感知复杂的外部环境,以模拟蝙蝠空间地图构建和导航定向的本领。该算法采用了 RatSLAM 算法中老鼠大脑海马区的仿生导航模型,对机器人在环境中自主移动的导航性能进行了详细的分析。Jan Steckel 认为,基于仿生声纳信息的仿生导航模型,同样可以满足移动机器人在静态的外部环境中持续、有效地导航定位;实验结果表明,利用声纳信息对外部环境中的物体或者目标进行详细的描述和解释,对于成功的导航并不是必需的。作者认为,基于仿生声纳技术的空间导航、定向系统在机器人和生物学领域具有广泛的应用前景。

在国内,大连理工大学的徐晓东[90]开展了机器人几何−拓扑图混合定位方面的探索性工作;国防科技大学的邓建文等[91]提出了基于道路结构特征的自主车视觉导航方法;哈尔滨工业大学的介鸣等[92]开展了使用多尺度光流法进行探月飞行器自主视觉导航的研究;中国科学院沈阳自动化研究所的刘伟军等[93]开展了基于立体视觉的移动机器人自主导航定位系统的研究,采用旋动理论进行相对位姿解算,简化了计算复杂度,实验结果表明,该方法可以满足机器人的导航需求;哈尔滨工业大学的黄显林等[94]和北京航空航天大学的管叙军[95]等分别对自主视觉导航方法进行了综述;本书作者所在课题组针对仿生自主导航技术开展了探索性的研究,在仿生 RatSLAM 算法的基础上做了改进工作,并取得了初步进展[96,97]。

从查阅到的公开文献看,现有的仿生自主导航方法主要侧重环境结构的准确描述,对定位、定向精度方面的要求较低;同时,在位置识别的正确率和实时性上仍然具有很大的提升空间。在实际的工程实践应用中,随着载体运行距离的增长,视觉里程计的累积误差逐渐增大,即使构建的拓扑图仍能准确地描述环境结构,但较差的定位、定向精度,很容易造成导航结果无法使用的现象;同时,一旦发生错误的位置识别,环境结构的准确描述也难以保证。因此,深入研究动物的导航机制,结合现有比较成熟的视觉导航算法,提出位置识别正确率高、定位、定向精度高、实时性好的仿生自主导航算法,具有重要的理论和应用价值。

1.3 本文拟解决的主要问题及思路

▶ 1.3.1 本文研究问题的描述

1.3.1.1 地面无人平台面临的导航难题

由前文介绍可知,本文的研究重点是在卫星导航信号拒止情况下地面无人平台的自主导航问题。目前,地面无人平台在未知环境中,主要使用卫星/惯性组合导航系统作为导航手段;在已知环境中,主要利用激光雷达系统离线构建的高精度环境地图,在线实时匹配定位,以提取自身在全局地图中的先验信息。地面无人平台当前使用的导航手段,均为非自主导航手段,无法满足地面无人平台自主导航的需求。

惯性导航是最常用的自主导航方式,具有抗干扰性强、隐蔽性好、实时性强等优势,但是存在制造成本高、定位误差随时间不断累积的问题,单独使用难以满足本文的导航需求。地磁/重力/视觉等辅助惯性导航是常用的组合式自主导航技术,可以辅助修正惯性导航系统的定位误差,但定位误差仍然会随时间不断累积。

如图 1.1 所示,下方曲线表示载体真实的运行轨迹,上方曲线表示惯性导航系统估计的轨迹,中间曲线表示地磁/重力/视觉等信息辅助惯性导航得到的组合式自主导航系统估计的轨迹。从图中可以看到,惯性导航系统的定位误差随时间迅速累积、不断增加;组合式自主导航系统因为在 $t_0, t_1, \cdots, t_6$ 时间节点处有地磁/重力/视觉等信息的辅助,并通过卡尔曼滤波器等方法与惯性数据进行融合,有效地修正了系统的部分定位误差,但是,仍然存在定位误差随时间不断累积的缺点。

以上介绍的导航方法能够实时测量并输出载体的运动速度和位置,并通过数学工具"欧几里得度量"表示和量化,本文将这类导航方法称为欧几里得空间中的导航方法。欧几里得空间中的自主导航方法,主要利用路径积分的原理推算载体的位置,在有外部信息辅助的情况下,可通过卡尔曼滤波器等数据融合方法有效地修正部分定位误差,但仍然存在定位误差随时间不断累积的缺点,难以适用于地面无人平台的长航时高精度自主导航。因此,为了解决地面无人平台自主导航的难题,还需要积极探索新的导航方法和手段。

1.3.1.2 生物的导航策略

大自然中的很多动物具有惊人的导航本领。北极燕鸥每年都要往返于南北两极地区,飞行旅程达 50000km;希腊海龟在繁殖时期会从觅食地巴西回到约 1600km 外的希腊海滩;大马哈鱼在繁殖时期从海里出发,逆流而上回到它们的出生地,总行程超过 2000km。研究发现,目前,动物远距离导航主要利用了基于航向约束和位置约束的两种导航手段。

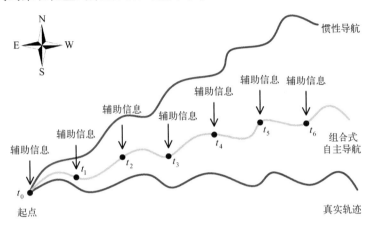

图 1.1 欧几里得空间中的自主导航方法示意图

(1)航向约束。动物为了实现远距离导航,大都需要从周围的环境中获取与方向有关的信息[98]。实验证实,海龟天生拥有利用磁罗盘和太阳罗盘定向的能力[99],即使在远海的深海中,海龟也能沿着一个特定的方向向前游[100]。大马哈鱼等许多海洋鱼类能够利用偏振光确定方向[44]。鸽子的归巢实验显示,鸽子会利用磁罗盘信息确定方向[101]。美国鸣鸟在迁徙的过程中,除了磁罗盘,还利用了天空偏振光信息确定迁徙的方向[102]。撒哈拉沙漠中的蚂蚁也能利用偏振光定向觅食[38]。正是这些方向信息为动物的远距离导航提供了航向约束。

(2)位置约束。动物的远距离导航仅仅依靠航向约束是不够的,航向估计的偏差导致导航的偏差在没有外部相对稳定的位置约束的情况下是无法得到补偿的。研究显示,海洋动物在远海远距离旅行过程中,利用了由某种"地标"信息构成的认知地图给它们提供有效的位置约束,这个"地标"可能是磁场[103],也可能是某种特殊的气味[104]。埃及水果蝙蝠是一类具有出色导航本领的哺乳动物,能够每天晚上飞行上万米到同一棵水果树上觅食。研究认为,埃及水果蝙蝠拥有一个它们生存环境约 100km 范围内、由大量"地标"信息构成的认知地图[105]。蝙蝠在远距离飞行中正是通过识别认知地图中这些特定的"地标"达到位置约束的目的。美国科学家 O'Keefe 及其合作者在啮齿目动物海马区发现了位置细胞,位置细胞的激活对应环境中某一个特定的位置区域;O'Keefe 指出,如果海马体中所有的位置细胞以合适的方式相互连接,将会形成环境的空间认知地图[85]。这一发现更是从细胞学层面证实了认知地图的存在。

1.3.1.3 本文采用的导航策略

由上文介绍可知,动物能够对环境中某些特定的位置区域进行认知和识别,并最终在大脑中形成关于环境的认知地图,用以描述这些位置区域之间的连通关系。

如图 1.2 所示,上方曲线表示载体真实的运动轨迹,曲线中的圆圈 v_1, $v_2, \cdots, v_5$ 表示真实轨迹中某些特定位置区域所对应的地磁、气味或者视觉等环境感知信息,$e_{12}, e_{23}, \cdots, e_{45}$ 表示 $v_1, v_2, \cdots, v_5$ 所对应位置区域之间的连通关系。当载体再次经过这段轨迹时,如能通过地磁、气味或者视觉信息正确识别为 v_1, $v_2, \cdots, v_5$ 中的一个,如 v_2,则表明载体当前所处的位置与 v_2 所对应的位置是相同的。这类导航方法没有基于欧几里得度量的载体的运动速度和位置坐标信息,不关心位置区域之间载体运行的轨迹,而是利用"拓扑图"这一数学工具描述环境的拓扑结构,利用拓扑图的顶点描述载体在环境中某些特定位置区域所对应的地磁、气味或者视觉等感知信息,利用拓扑图的边描述顶点之间的连通性。本文将这类导航方法称为拓扑空间中的导航方法。对于拓扑空间中的导航,如果能够正确地识别拓扑图的顶点,则可以将该顶点对应的信息直接赋值给载体当前的导航状态,达到有效抑制定位误差累积的目的。

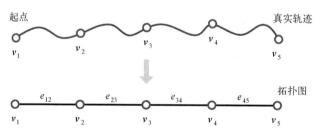

图 1.2 拓扑空间中的自主导航方法示意图

实际工程应用中仍然无法脱离欧几里得空间,载体的位置、速度和姿态等导航参数是无人平台控制系统非常重要的输入参数。研究拓扑空间中导航方法的目的也是为了提升欧几里得空间内导航方法的性能。所以,实际应用中采用的导航策略,往往是两种类型导航方法的结合。为了与上述两类导航方法相区别,本文将载体导航过程中同时考虑欧几里得空间中载体的运动速度和位置,以及拓扑空间中载体经过位置区域间的连通关系的过程,称为混合空间中的导航。从仿生的角度出发,本文混合空间中的自主导航方法同样从航向约束和位置约束两个方面考虑。

如图 1.3 所示,上方曲线表示载体真实的轨迹,曲线中的圆圈 $v_1, v_2, \cdots, v_5$ 表示对应的拓扑图顶点,下方曲线中 $\tilde{v}_1, \tilde{v}_2, \cdots, \tilde{v}_5$ 表示构建的混合空间地图的顶点,混合空间地图的顶点除了包含拓扑图顶点所包含的特定位置处的地磁、气味或者视觉等环境感知信息外,还直接包含了这个特定位置处的位置坐标信息,其中 $\tilde{v}_i = \{v^i, \boldsymbol{p}^i\}, i = 1, 2, \cdots, 5$。$l_{12}, l_{23}, \cdots, l_{45}$ 表示构建的混合空间地图的边。混合空间地图的边除了包含顶点之间的连接关系外,还包含了顶点之间的相对位置关系,其中 $l_{ij} = \{e_{ij}, \Delta \boldsymbol{p}^{ij}\}, i = 1, 2, \cdots, 5$。

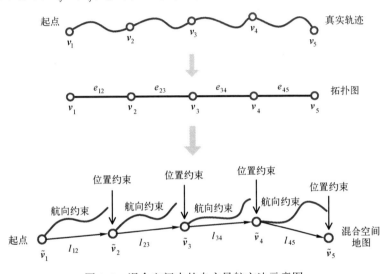

图 1.3 混合空间中的自主导航方法示意图

(1)航向约束。混合空间地图顶点与顶点之间采用基于航向约束的欧几里得空间自主导航方法。该方法与传统的欧几里得空间中自主导航方法的明显区别是:明确了航向约束在导航过程中的重要性,该航向约束可以是磁罗盘、太阳罗盘或者天空偏振光罗盘等仿生定向手段。基于航向约束的欧几里得空间自主导航方法能够很好地约束导航过程中航向角的发散。

(2)位置约束。混合空间地图顶点处采用基于位置约束的顶点识别方法。正确识别的混合空间地图的顶点可以将该顶点的先验位置信息直接赋值给载体当前的导航状态,大幅消除载体当前的定位误差,从而达到有效抑制定位误差累积的目的。这一导航策略在当前的导航方法研究中是非常薄弱的。

混合空间中的仿生自主导航方法,是受大自然中动物所具有的导航本领启发而提出的导航策略,不仅能抑制航向的发散,还能有效地约束定位误差的累积,并通过基于航向约束和位置约束的节点递推策略达到类似动物远距离精确导航的目的。本文正是以此作为出发点深入开展了仿生导航方法的研究,以期解决地面无人平台长航时高精度自主导航的难题。

1.3.2 本文拟解决的主要理论难题

本书以地面无人平台为应用背景,开展基于动物网格细胞和位置细胞模型的仿生导航方法研究。重点研究基于网格细胞和位置细胞的位置识别算法、基于昆虫天空偏振光敏感机制的定向方法和基于多传感器组合的混合空间仿生导航算法等内容。

(1)基于网格细胞和位置细胞的仿生导航算法。在拓扑空间导航方法研究中,拓扑图顶点的识别是拓扑空间导航方法研究最重要的内容之一。对于构建好的拓扑图,正确的识别拓扑图顶点可以将已知顶点关联的信息直接赋值给当前载体的导航状态,提高载体的定位精度;然而,错误的识别拓扑图顶点,又将导致定位误差的急剧增加,构建的拓扑图也会发生结构性错误。同时,为了提高拓扑图顶点识别结果的精确程度,需要构建更加密集的拓扑图顶点,而这又将导致后续匹配搜索的计算量急剧增加,对算法的实时运行增加了难度。

自然界中很多动物能够利用有限的感知和计算能力实时处理复杂的识别问题。最新的研究成果发现,动物在环境中导航定位时有自己的认知地图,而认知地图的完成主要依靠两种空间细胞:网格细胞和位置细胞。本文拟深入分析动物网格细胞和位置细胞的特性,总结两种空间细胞相互作用的机理,提炼两种空间细胞的导航机制,并结合现有比较成熟的算法,设计一种新的仿生导航算法,重点解决目前位置识别算法存在错误识别和计算效率较低的问题。

(2)大气散射模型与误差分析。利用偏振光传感器探测天空偏振样式可以实现载体定向,而在定向过程中,起着关键桥梁作用的是大气散射模型,目前均默认为一阶 Rayleigh 散射模型。是否有更加精确的描述天空偏振样式的大气散射模型、一阶 Rayleigh 散射模型能否准确描述不同天气条件下的天空偏振样式等问题,都是需要在利用偏振光定向之前深入研究的。本书拟通过理论分析和实测实验的方法,研究大气散射模型在载体定向应用中的边界条件。对能够用于偏振光定向的大气散射模型进行逐一分析,评估模型对偏振光在不同天气条件下定向精度的影响,并提出误差补偿方法,以提高利用偏振光传感器确定载体航向的精度。

(3)偏振光定向方法。1988 年,瑞士苏黎世大学的 Thomas Labhart 根据蟋蟀的 DRA 小眼结构,提出了偏振敏感神经元模型,后续很多学者根据该模型设计了仿生偏振光传感器,并给出了偏振角的计算方法和航向估计方法。研究发现,现有的研究成果存在偏振光定向精度低、导航实验设计不合理的问题,而这些问题主要由以下三大原因造成。

① 传感器在使用之前没有经过标校。

② 偏振角在计算过程中没有充分利用传感器的原始输出信息。

③ 设计的导航实验错将偏振角作为载体的航向角处理。

根据以上问题,本文将重点研究偏振光传感器中的各类误差源,拟对这些误差进行深入分析并合理建模。同时,针对现有学者提出的偏振光传感器误差标定方法存在病态性的问题,希望通过重新建立误差标定模型,设计更加合理的标定方法对传感器的误差予以补偿。在此基础之上,拟结合载体的水平姿态角和太阳方位角,给出一种载体航向角的估计算法。

(4) 基于多传感器组合的仿生导航算法。利用偏振光传感器得到的载体航向角信息误差不随时间累积,而纯视觉里程计随着时间递推,定向误差和定位误差均会逐渐累积。本文拟利用偏振光传感器得到的载体航向信息辅助视觉里程计,以有效抑制视觉里程计定位定向误差的发散。目前,仿生导航算法主要侧重环境结构的描述,对定位、定向精度要求较低,同时普遍存在计算效率较低的问题。本书拟借鉴 RatSLAM 算法框架,将偏振光和视觉信息有效融合,重点解决现有仿生导航算法定位、定向精度低、计算效率不高的问题。

在以上问题得到解决的情况下,可以得到本文解决地面无人平台长航时高精度自主导航问题的思路,如图 1.4 所示。

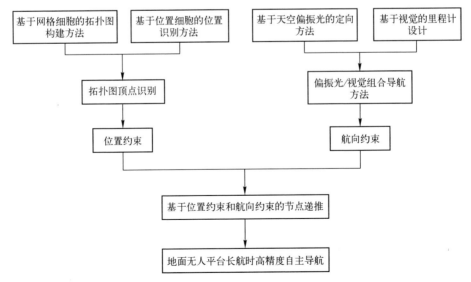

图 1.4　本书解决地面无人平台自主导航问题的思路

1.4 本文的研究内容及组织结构

1.4.1 研究内容与组织结构

本书紧密结合地面无人平台导航技术的发展需求,重点研究基于动物网格细胞和位置细胞的位置识别方法、基于昆虫天空偏振光敏感机制的偏振光定向方法以及基于多传感器组合的仿生导航方法等内容。本书的组织结构如图 1.5 所示,各章主要内容安排如下。

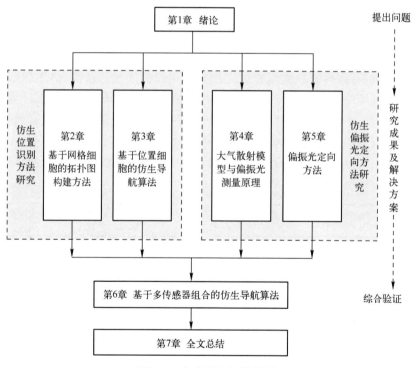

图 1.5　本书的组织结构图

第 1 章,绪论。主要介绍了本书的研究背景、国内外研究现状、拟解决的主要问题及其研究思路,并总结了本书的主要贡献。

第 2 章,基于网格细胞模型的拓扑图构建方法。简要介绍了拓扑空间的基本理论,从数学定义出发,给出了拓扑空间导航问题中相关概念的定义。介绍了网格细胞的基本特性和数学模型。针对本文应用背景,结合网格细胞特殊的空间表达方式,提出了一种基于网格细胞模型的拓扑图构建方法。

第 3 章,基于位置细胞模型的仿生导航算法。介绍了位置细胞的基本特性和数学模型,提出了一种基于位置细胞模型的仿生导航算法。车载实验验证了算法位置识别的正确性、快速性和精确性。

第 4 章,大气散射模型与偏振光测量原理。介绍了大气散射的基本概念,重点分析了利用大气 Rayleigh 散射模型和 Mie 散射模型进行定向的可行性。分析和评估了大气散射模型的精确程度,为后续利用偏振光定向提供了实验依据。研究了大气偏振光的测量原理,为后续偏振光传感器的设计提供了理论支撑。

第 5 章,偏振光定向方法。介绍了偏振光传感器的基本工作原理及误差模型,提出了基于 NSGA-II 的偏振光传感器标定算法,成功地将传感器标定的病态性问题转化为非病态性问题。充分利用偏振光传感器的原始输出信息,提出了一种基于最小二乘法的偏振光传感器偏振态输出算法,提高了偏振角和偏振度的计算速度和计算精度。结合太阳的方位角、高度角、偏振角和水平角信息,给出了基于偏振光传感器的航向角估计算法,并设计了车载综合实验方案,对偏振光传感器的定向性能进行了验证和评估。

第 6 章,基于多传感器组合的仿生导航算法。本书第 2 章和第 3 章围绕拓扑空间拓扑图顶点的识别方法进行了深入探究,本书第 4 章和第 5 章围绕仿昆虫复眼的天空偏振光定向方法进行了深入研究,两部分内容分别就位置识别和航向确定给出了可行的解决方案。本章重点将上述两部分内容通过数据融合机制有机地结合起来,构建混合空间内基于多传感器组合的仿生导航算法,并通过车载实验对文中的方法进行了综合验证。

第 7 章,全文总结。总结了本书研究工作,指出了尚未解决的问题,明确了进一步的研究方向。

▶ 1.4.2　本文的主要贡献

本书的主要贡献如下。

(1) 在深入分析啮齿目动物网格细胞和位置细胞激活特性的基础上,提出了一种基于网格细胞模型的拓扑图构建方法和基于位置细胞模型的拓扑图顶点识别算法。相比现有的位置识别算法,有效地降低了位置识别的错误率、提高了算法的计算效率和位置识别精度。

(2) 通过理论分析和实测实验,得出了"目前最适合应用于导航定向的大气散射模型是一阶 Rayleigh 散射模型"这一明确结论,对一阶 Rayleigh 散射模型在不同天气条件下描述天空偏振样式的精确程度进行了量化评估,为利用天空偏振光精确定向提供了理论依据和实验案例支持。

（3）提出了一种基于最小二乘法的偏振光传感器偏振态输出算法，提高了偏振角和偏振度的计算速度和精度。采用标定光源偏振度的常值约束，将偏振光传感器的标定问题转化为多目标优化问题，提出了一种基于 NSGA-II 的偏振光传感器标定算法，有效地解决了现有标定方法的病态性问题。给出了一种基于偏振度和水平角辅助的航向角估计算法，实验结果表明，该方法可有效地提高航向角估计精度。

（4）提出了一种在欧几里得空间内基于等式约束优化的偏振光/视觉组合导航算法，并采用乘子法求解，有效地抑制了视觉里程计航向角的发散和定位误差的累积。将欧几里得空间内基于偏振光/视觉的仿生导航算法与拓扑空间内基于位置细胞模型的位置识别算法有机地结合在一起，提出了一种在混合空间内基于多传感器组合的仿生导航算法，能够同时约束航向角和定位误差的发散，为解决载体长航时高精度的自主导航难题探索了一种新的技术途径。

第 2 章　基于网格细胞模型的拓扑图构建方法

自然界中,有很多动物具有惊人的导航本领,例如,埃及水果蝙蝠会每天晚上飞行上万米,到同一棵水果树上觅食[106],表现出了出色的空间记忆和导航能力。研究发现,动物惊人的导航能力源自动物拥有一个它们生存环境的详尽的、不同空间尺度的认知地图,并结合路标的识别与引导等手段,完成长距离的导航[106-108]。在视觉导航领域,很多学者将这类导航归结为拓扑空间中的导航问题[109,110]。

到目前为止,由于拓扑空间中导航问题的研究尚不完善,相关概念定义比较模糊,可供借鉴的成果较少。因此,在展开相关研究之前,有必要对拓扑空间所涉及的一些问题进行综合的分析与介绍。同时,随着动物行为学[111-113]和细胞学[85,114-116]等学科在动物导航机理研究方面取得的长足进展,探索和挖掘动物空间细胞在环境表达方面所起的作用也是值得深入研究的内容。

本章首先介绍了拓扑空间的基本理论,从数学定义出发,给出了拓扑空间中导航问题相关概念的定义。然后,介绍了网格细胞的基本特性和典型模型。最后,针对本文的研究背景,结合网格细胞特殊的空间表达方式,提出了一种基于网格细胞模型的拓扑图构建方法。

2.1　拓扑空间的基本理论

中国《惯性技术词典》将导航定义为"通过测量并输出载体的运动速度和位置,引导载体按照要求的速度和轨迹运动"。该定义反映的是传统的导航方法,这些方法研究的都是欧几里得空间中的导航问题。在针对人类和其他动物等生物体导航本领的研究过程中发现,还存在一类导航方法,这种导航方法侧重对环境或者地标的认知与识别,研究地标与地标之间的连通关系,弱化了具体的相对位置关系,并能最终形成一张反映环境空间结构的连通图。如果要用一个数学工具对这一过程进行更加严谨的描述,那就是拓扑学。

拓扑学脱胎于几何学,推广了它的某些观念,并抛弃了出现在其中的某些结构,通常称为"橡皮胶布几何学"。在欧几里得几何学中,所允许的运动只能是刚性运动,如平移、旋转。在这种运动中,图形上任意两点间的距离保持不变。然而,在拓扑学中,所允许的运动可称为弹性运动,可以将图形想象成由弹性极好的橡皮做成,在移动一个图形的时候可以随意伸张它、扭曲它、拉它或者折它。在拓扑学中,两个图形被认为是"拓扑等价",当且仅当可把一图形作弹性运动使其与另一图形重合。一个图形的拓扑性质,就是那些所有与此图形拓扑等价的图形都具有的性质。也就是说,所有拓扑等价的图形对拓扑学家来说都是一样的。通常把在拓扑学中研究的对象称为拓扑空间。

本节将简要介绍拓扑学的相关理论,由此引出拓扑空间、度量空间以及欧几里得空间之间的关系,并结合研究的实际问题,给出仿生导航空间相关名词的定义与解释。

2.1.1　拓扑空间的定义

拓扑空间是拓扑学领域研究的主要对象。关于拓扑空间在数学领域有着严格的定义。这个定义是经历了很长时间才形成的。数学家希望定义具有尽可能广泛的包容性,从而把数学中许多有用的例子,如欧几里得空间、无穷维欧几里得空间、度量空间及它们之间的函数空间,都作为它的特例包括进去;他们又希望使定义尽可能狭窄,从而使得那些熟知的空间中的标准定理对于一般拓扑空间也能够成立。最后确定的拓扑空间的定义看上去是抽象的,但是,当用不同的构造方法构造拓扑空间时,又将发挥它不同的内涵[117],如图2.1所示。

图 2.1　3 种空间之间的关系

假设 X 是一个非空集合,X 上的一个子集族 τ 是 X 的一个**拓扑**,如果它满足:

（1）$\varnothing$ 与 X 是开集,都包含在 τ 中;

（2）τ 中任意多个成员的并集仍在 τ 中;

（3）τ 中任意多个成员的交集仍在 τ 中,

则集合 X 和它的一个拓扑 τ 一起称为一个**拓扑空间**,记作 (X,τ),称 τ 中的成员为这个拓扑空间的**开集**。在不引起混淆或者无需指出拓扑时,直接称 X 是拓扑空间。定义中的 3 个条件称为**拓扑公理**。从定义看出,给出集合的一个拓扑就是规定它的哪些子集是开集。这种规定不是任意的,必须满足 3 条拓扑公理。

连续性是拓扑学中最基础,也是最重要的概念之一[118]。假设 X 和 Y 都是拓扑空间,$f:X{\rightarrow}Y$ 是一个映射,$x{\in}X$。如果对于 Y 中 $f(x)$ 的任一领域 V,$f^{-1}(V)$ 总是 x 的邻域,则称 f 在 x 处**连续**。如果映射 $f:X{\rightarrow}Y$ 在任一点 $x{\in}X$ 处都连续,则称 f 是**连续映射**。

具有连续逆映射的连续双射函数称为同胚,同胚为我们提供了拓扑等价这一重要概念。假设 X 和 Y 都是拓扑空间,并设 $f:X{\rightarrow}Y$ 是具有逆映射 $f^{-1}:Y{\rightarrow}X$ 的一个双射。如果 f 和 f^{-1} 都是连续映射,那么,称 f 是一个**同胚**。如果在 X 与 Y 之间存在一个同胚,我们就称 X 与 Y 是**同胚的**或是**拓扑等价的**,并记为 $X{\cong}Y$。

由此可见,拓扑空间中的"拓扑等价"与欧几里得空间中的"等价"是完全不同的,其关注的是拓扑空间中点的映射关系,不涉及任何距离,更谈不上欧几里得空间中的坐标信息。

前文中已经提到,拓扑空间的定义看上去是抽象的,但是,当用不同的构造方法构造拓扑空间时,又将发挥它不同的内涵。其中,本文将着重介绍的拓扑图就是这样一个例子。仔细来说,一个**拓扑图 G** 是一个由 G 称为**顶点**的有限集与 $\mathbb{R}$ 中相互分离的、有界闭区间的一个有限集组合在一起,并以某种方式把这些区间的端点黏合在一起而构成的商空间[118]。被黏合的区间,称为 G 的**边**。其中,构成的这个商空间的定义如下。

设 X 是一个拓扑空间,而 A 是一个集合(它不必是 X 的一个子集)。设 $p:X{\rightarrow}A$ 是一个满射。如果 A 的子集 U 是 A 的开集当且仅当 $p^{-1}(U)$ 是 X 的一个开集。这样产生的 A 中的开集族,称为由 p 导出的**商拓扑**,而称函数 p 是一个**商映射**,拓扑空间 A 称为**商空间**。

除此之外,我们还将介绍一个重要的拓扑性质,道路连通性。道路连通性是拓扑学中最基本的性质之一,具有很强的几何直观性。其定义如下:如果对于任一 $x,y{\in}X$,在 X 中存在一条 x 到 y 的道路,则称拓扑空间 X 是**道路连通**的。可以证明下文中我们研究的拓扑图都是道路连通的。

最常用的拓扑空间要数度量空间[118]。度量空间中很多熟知的性质在一般拓扑空间中是没有的。拓扑公理只是概括了度量拓扑最基本的性质,而不是全部性质。度量空间的概念来自对基本集合中点与点之间距离的测量。当然,这个距离的概念是超出了通过拉伸一根卷尺确定两个物体相隔有多远的观念的。其数学定义如下。

集合 A 上的一个**度量**,是具有下列性质的函数 $d:X{\times}X{\rightarrow}\mathbb{R}$:

(1) 对于所有的 $x,y{\in}X$,$d(x,y){\geqslant}0$;当且仅当 $x=y$ 时,$d(x,y)=0$;

(2) 对于所有的 $x,y \in X, d(x,y)=d(y,x)$;

(3) 对于所有的 $x,y \in X, d(x,z) \leqslant d(x,y)+d(y,z)$,

则称由集合 X 与度量 d 组成的 (X,d) 为一个**度量空间**。我们所熟知的实数空间、欧几里得空间 $\mathbb{R}^2$ 以及三维欧几里得空间 $\mathbb{R}^3$ 都是度量空间[119]。其中,下面将要介绍的欧几里得空间,就是利用欧几里得距离公式定义了一种度量,称为欧几里得度量。

平面是实数序偶的几何,记为 $\mathbb{R}^2$,即

$$\mathbb{R}^2 = \{ (x_1,x_2) \,|\, x_1,x_2 \in \mathbb{R} \} \qquad (2.1)$$

因此,$\mathbb{R}^2$ 是积 $\mathbb{R} \times \mathbb{R}$。通常,$\mathbb{R}^n$ 是 n 条实数轴拷贝的积,它是实数 n 元串的集合,即

$$\mathbb{R}^n = \{ (x_1,x_2,\cdots,x_n) \,|\, x_1,x_2,\cdots,x_n \in \mathbb{R} \} \qquad (2.2)$$

我们称 $\mathbb{R}^n$ 为 **n 维欧几里得空间**,简称 **n 维空间**。点 $(0,0,\cdots,0) \in \mathbb{R}^n$ 称为原点,记为 O。

在 $\mathbb{R}^n$ 中测量距离的标准方法是用**欧几里得距离公式**,它的定义是:对于 $p=(p_1,p_2,\cdots,p_n)$ 与 $q=(q_1,q_2,\cdots,q_n)$ 之间的距离为

$$d(p,q) = \sqrt{(p_1-q_1)^2+(p_2-q_2)^2+\cdots+(p_n-q_n)^2} \qquad (2.3)$$

欧几里得距离公式满足度量所要求的 3 个重要性质:

(1) 对于所有的 $p,q \in \mathbb{R}^n, d(p,q) \geqslant 0$;当且仅当 $p=q$ 时,$d(p,q)=0$;

(2) 对于所有的 $p,q \in \mathbb{R}^n, d(p,q)=d(q,p)$;

(3) 对于所有的 $p,q,r \in \mathbb{R}^n, d(p,r) \leqslant d(p,q)+d(q,r)$,

我们称 d 为 $\mathbb{R}^n$ 的**欧几里得度量**或**标准度量**。

由上面的定义可以看到,传统的导航方法研究的都是三维欧几里得空间中的导航问题,在不引起混淆的情况下,我们一般简称为欧几里得空间内的导航方法/问题,其定义如下。

定义 1 在欧几里得空间中,基于欧几里得度量测量并输出载体的运动速度和位置,引导载体按照要求的速度和轨迹运动的过程,称为**欧几里得空间中的导航**。

由定义可知,欧几里得空间中的导航所涉及的载体的运动速度、位置和轨迹等物理量,均采用欧几里得度量表示和量化。我们所熟知的惯性导航、卫星导航等都属于欧几里得空间中的导航的范畴。

从前述可知,人类或者其他动物等所使用的另一类导航方法侧重对场景或者目标的认知和识别,最终在大脑中形成的关于环境的认知地图也更多描述的是场景或者目标之间的连通关系,欧几里得空间中的导航所强调的、精确的相对位置关系却在很大程度上被弱化。上文中所介绍的拓扑学理论中的拓扑图

对这一问题进行了严谨的数学描述。为了与上述欧几里得空间内的导航问题区分,在不引起混淆的情况下,下文中我们称这种类型的导航问题为拓扑空间内的导航方法/问题。

定义 2　在拓扑空间中,利用顶点描述载体在环境中所经过的位置或者区域,利用边描述这些顶点之间的道路连通性,并依据这一连通关系,引导载体从一个顶点到达另一个顶点的过程,称为**拓扑空间中的导航**。

由定义可知,与欧几里得空间中的导航不同,拓扑空间中的导航没有基于欧几里得度量的载体的运动速度和位置坐标信息,也没有欧几里得空间中所强调的相对位置关系,并不关心位置或者区域之间载体的运行轨迹,而更加侧重的是载体所经过位置或者区域之间的连通关系。关于拓扑图的应用,最为著名的是哥尼斯堡七桥问题。图 2.2(a)是哥尼斯堡的一个地图,图中以 A、B、C 和 D 标出了 4 个区域,以及当时的 7 座桥。哥尼斯堡的居民提出一个问题:能否从一点出发,走遍 7 座桥,且通过每座桥恰好一次,最后仍回到起始地点。这个问题在一段时间内没有得到解决,并引起了欧拉(Euler)的注意,欧拉将地图中的4 个陆地区域用顶点 A、B、C 和 D 表示,两块陆地区域之间的桥用顶点之间的边表示,于是,将问题转化为:在图中是否存在经过图中每一条边一次且仅一次的闭迹问题。1736 年,欧拉解决了这一著名的数学难题,给出了否定的回答,成为拓扑学的创始人。

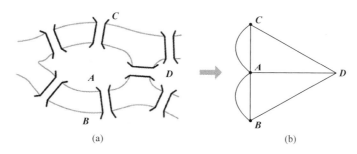

(a)　　　　　　　　　　(b)

图 2.2　哥尼斯堡七桥问题

拓扑空间中的导航为了确保顶点之间道路连通性的正确性,对顶点的正确识别是关键。

目前,工程应用仍然无法脱离欧几里得空间,欧几里得空间中的测速、定位精度等仍然是考核导航算法非常重要并且行之有效的指标。拓扑空间内导航方法的研究最终也是为了提升欧几里得空间内的导航算法的性能,所以,最终使用的导航方法往往是两种类型的导航方法的结合,也就是欧几里得空间与拓扑空间导航方法的结合。为简明起见,下文中,凡涉及两种空间内导航方法结合的问题,我们均称为混合空间内的导航方法/问题,其具体定义如下。

定义 3 在载体导航过程中,同时考虑欧几里得空间中载体的运动速度和位置,以及拓扑空间中载体经过位置或区域间的连通关系的过程,称为**混合空间中的导航**。

2.1.2 拓扑图的构建方法

随着大范围、大尺度导航需求的日益增加,许多学者将拓扑图的概念引入视觉导航领域[27,120-123],以拓扑图的形式描述一个环境的连通性,并取得了明显的效果。本节以视觉导航为应用背景,介绍视觉导航领域中拓扑图的构建方法。

在拓扑图论中,一个图 G 由两个有限集组成:一个是称为 G 的顶点的集合 V_G;另一个是连接顶点的边的集合 E_G,E_G 的元素称为 G 的边。图 G 可以表示成

$$G = \{V_G, E_G\} \tag{2.4}$$

如果 e 是在 G 中以 v_i 和 v_j 为顶点的一条边,那么,称 e 与顶点 v_i 和 v_j 是相互**关联的**,并且称 e 与顶点 v_i 和 v_j 相**邻接**;否则,称 e 与顶点 v_i 和 v_j **非邻接**。

在本文的导航应用背景下,拓扑图中的顶点对应环境中的位置或者一个小的区域,拓扑图的边对应顶点与顶点之间的连通关系,其中包含路径和次序关系。所构建的拓扑图是对环境的整体特征的表达。关于拓扑图的构建问题,对拓扑图顶点的定义是难点,拓扑图顶点定义的不恰当会使系统陷入顶点混淆状态。目前,关于拓扑图顶点的定义大致有 3 种类型。

(1) 场景中的地标。通过对场景的整体认识,人为指定场景中的某些具有典型特征的标识或是地标作为拓扑图的顶点。Dedeoglu 及其合作者针对机器人室内环境导航问题,提出了一种机器人在线拓扑图构建方法,该方法首先通过人为指定室内环境中具有典型特征的标识作为顶点,如走道上的 T 形连接口、角落、走廊的尽头以及关闭着的门等,然后通过机器人实时地探测、识别这些标识,并将这些标识设定为拓扑图的顶点[124]。这样构建的拓扑图,能够使用户非常简单、高效地了解整个场景的特征。方法的原理示意图如图 2.3 所示。

(2) 局部极值点。根据采集的传感器信息,按照某种控制法则,选取一片邻近区域中的局部极值点作为拓扑图的顶点。这种选取拓扑图顶点的方法的主要出发点,是为了让选定的顶点在某个邻近区域中是最具特征也最具辨识度的位置点。这种方法由 Kuipers 于 2000 年提出,论文中主要利用声纳系统或是激光雷达等距离传感器信息确定拓扑图的顶点,根据爬山法则找寻局部邻近区域中的极值点,文中认为采用这种方法确定的顶点在围绕这个顶点的局部邻近

区域内是唯一的,也是最有特点的[125]。这样构建的拓扑图,其顶点总是从一个最具特色的状态转向另一个最具特色的状态(图 2.4)。

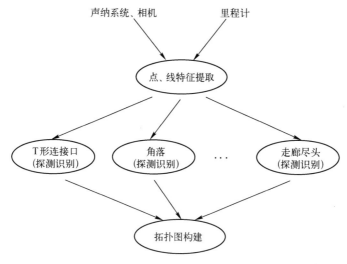

图 2.3　地标探测与拓扑图构建

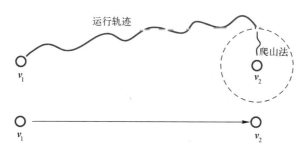

图 2.4　局部邻近区域拓扑图顶点提取示意图

(3)相似的区域。这种类型的拓扑图顶点的定义方法完全依赖传感器的测量值,当随着载体的运动,传感器的测量值与上一顶点所对应的测量值的变化超过某一个设定的阈值时,该测量值即被设定为一个新的顶点。Milford及其合作者利用纯视觉信息进行大尺度导航算法研究,提出了一种仿生RatSLAM 导航算法[30,31]。该方法完全以视觉测量信息为标准,每一个拓扑图顶点都会与一个视觉模板绑定,随着载体的移动,当检测得到的视觉模板与上一顶点对应的视觉模板足够不同时,即建立一个新的顶点,并与当前的视觉模板绑定。该拓扑图的构建方法在载体的位置识别和全局定位中发挥了重要作用(图 2.5)。

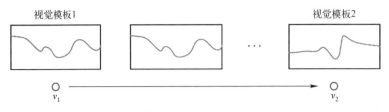

图 2.5　传感器测量相似区域作为拓扑图顶点

根据本文应用背景需要,下面将对拓扑图的定义与构建方法给出详细介绍。

2.2　网格细胞的特性分析

海马体(Hippocampus)、内嗅皮质(Entorhinal Cortex)和周围的区域包含 4 种类型的空间细胞[11,106]:位置细胞(Place Cells)[85,126]、网格细胞(Grid Cells)[86,127]、边界细胞(Border Cells)[115,128]和方向细胞(Head – direction Cells)[129,130]。这些空间细胞被认为是大脑空间表达的基础。O'Keefe 教授和 Moser 教授夫妇分别凭借在位置细胞与网格细胞方面的研究成果,获得了 2014 年的诺贝尔生理学或医学奖[11]。然而,目前对动物导航起着关键作用的网格细胞和位置细胞的激活机制仍然不是十分明确,也存在着不同的研究派别。本节将着重介绍网格细胞的特性及相关研究进展。有关位置细胞的特性及相关研究进展将在下一章中着重介绍。

▶ 2.2.1　网格细胞的特性

解剖学上,内嗅皮质(Entorhinal Cortex,EC)是海马体位置细胞主要的皮层输入源。因为研究发现,当内嗅皮质发生损害时,将会和海马体遭到损害一样,引起严重的、与空间认知相关的问题。1989 年,McNaughton 等实验研究发现,当海马体的齿状回(Dentate Gyrus,DG)发生严重的损害、CA3 区域(Cornu Ammonis,CA)与内嗅皮质的连接保持完好时,位置细胞仍能很好地激活[131]。最早关于内嗅皮质具有空间激活性的报导由 Quirk 等在 1992 年提出。他们发现,与海马体中的位置细胞相比,内侧内嗅皮质(the Medial Entorhinal Cortex,MEC)的神经细胞表现出微弱的空间调制信号[132]。

2002 年,Edward Moser 和 May-Britt Moser 发现,即使海马体中 CA3 区域和 CA1 区域的连接遭到破坏,CA1 中仍然会表现出空间激活现象。这一发现彻底否定了海马体内部计算空间信号的假设。这一研究成果也表明,输入 CA1 区域位置细胞的信号可能来自内嗅皮质[133]。

2004 年,在神经解剖学家的帮助下,Menno Witter 和 Moser 夫妇对背尾端内侧内嗅皮质(the dorsocaudal Medial Entorhinal Cortex,dMEC)中的神经细胞进行了实验记录,他们发现这个区域的表层细胞随着老鼠在环境中的位置的变化表现出离散的激活特性,相比位置细胞,这种细胞在环境中对应多个激活区域[134]。这项研究证实在海马体的上游区域就有了某种神经细胞能对空间信息进行处理的假设。

2005 年,Moser 夫妇发表了一篇文章,对 dMEC 中的神经细胞所表现出来的空间属性给出了一个详细的描述[86],其中最为显著的发现是:当老鼠在实验环境中移动时,dMEC 的 layer II 层中的神经细胞会有规律地激活,神经细胞的激活所对应环境中的区域整体表现出的是一个漂亮的六边形花纹,也就是说,细胞激活所对应的环境中的位置是六边形网格的顶点,铺满了老鼠探寻过的整个空间,他们称这种细胞为网格细胞(Grid Cells)。后来的研究发现,除了在 MEC 区域,在前下托(Presubiculum,PRS)和旁下托(Parasubiculum,PAS)中也发现了网格细胞[86,135],不同网格细胞的空间尺度是不相同的,结合多种尺度的网格细胞可以对动物所在位置进行精确编码。

网格细胞的激活样式有 3 个重要的要素:网格顶点的位置、网格的间距和网格的方向[136]。不同网格细胞的 3 个要素是不相同的,如图 2.6 所示。

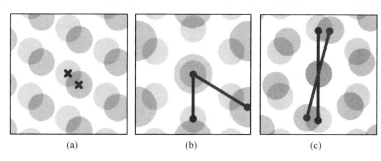

(a)　　　　　　　　　(b)　　　　　　　　　(c)

图 2.6　网格细胞的三要素
(a) 网格顶点的位置;(b) 网格的间距;(c) 网格的方向。

随着网格细胞的发现,围绕网格细胞性质的研究大量展开[11,86,116,127,137-140],综合当前研究现状,网格细胞主要存在以下几大特性。

(1) 大脑中物理位置相邻近的网格细胞具有相近的网格间距和网格方向,但是所形成的网格顶点的位置是不相同且不相关的;从 dMEC 的腹部区域到背部区域,网格细胞的网格间距逐渐增大[11,86,137],网格间距的分布在 20cm 到几米的量级[141]。

（2）网格细胞的方向与外部环境信息关联。当环境中有着显著特征的标识信息发生旋转时,形成的网格也会随之发生旋转[11,86,137]。

（3）网格细胞的激活状态在黑暗的环境中能够维持。"视觉剥夺"实验显示,即使在黑暗的环境中进行实验操作,网格细胞仍能保持原有的激活状态,同时所形成的网格的顶点、间距和方向也会大致保持不变[86,138]。

（4）网格细胞所形成的网格样式会随着环境大小和形状的改变而发生形变。当一个方形的环境改变为一个长方形时,网格图的样式也会沿着形变的轴相应做出调整[127,142]。

（5）如果将网格细胞按照网格间隔划分成不同的网格模块,连续的两个不同模块间网格的间隔近似呈 $\sqrt{2}$ 倍的关系、六边形网格的面积近似呈 2 倍的关系[140]。不同网格模块间网格间隔的这种比例关系被证明是网格细胞以较高的空间分辨率表达环境的最优组织方式[139]。

那么,到底是什么决定了网格的顶点位置和方向呢? 目前,对这一问题的推断是:环境中具有典型特征的视觉信息对网格顶点的位置及网格的方向起决定性的作用;同时,在全黑的环境中,网格细胞仍能周期性激活的原因在于大脑所具备的自主移动感知能力[86,137,138]。

迄今为止,动物学实验都是在小范围内进行的,对于发现网格细胞的最重要的实验,其场地也不超过 1m×1m[134]。网格细胞在大尺度环境中激活特性的探究因为实验技术的约束而受到限制,这也是未来需要深入研究的内容[31]。

▶ 2.2.2　网格细胞的模型

关于网格细胞网格样式的形成机制,已有大量的学者提出了假设模型[140,143-148]。大部分模型认为,网格细胞在动物移动环境中周期性激活的现象是经由速度调制的路径积分所决定的,动物感知的其他外部信息仅仅对网格顶点的初始位置和网格的方向起作用[149,150]。同时,在原理上也不排除,这一现象的形成也可能仅由与空间关联的感知信息所决定[151]。总体而言,目前关于网格细胞网格样式形成的解释主要存在两大假设模型,分别为基于振荡干涉[146-148,152,153]和局部电路吸引属性[140,143,144]的网格样式形成模型。

1. 振荡干涉模型

1989 年,Alonso 和 Llinas 在内嗅皮质 layer II 层的星状细胞中检测到膜电位振荡频率(Membrane Potential Oscillations,MPO),这种振动幅值很小(<5mV)的膜电位振荡频率在细胞去极化到接近激活阈值时发生,研究认为,这种现象似乎源自压敏膜电流间的相互作用[154],如图 2.7 所示。

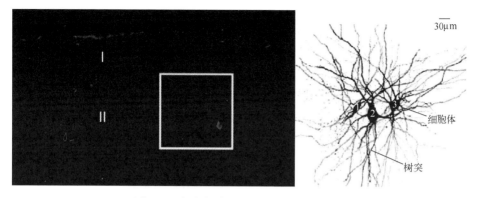

图 2.7　内嗅皮质 layer II 层中的星状细胞

　　网格细胞的网格间距会随着细胞在内嗅皮质中所处的位置发生变化,在内嗅皮质中背部的大部分网格细胞的网格间隔要小,而在内嗅皮质中腹部的大部分网格细胞的网格间隔要大。实验研究发现,内嗅皮质中神经细胞所固有的振荡频率也与神经细胞所处的位置相关,神经细胞的振荡周期与网格细胞的网格间距呈比例关系[152]。正是根据这一发现,很多研究学者认为,网格细胞的形成与星状细胞膜电位振荡频率间的相互作用有关,并以此为基础,给出了基于细胞体(Soma)和树突(Dentrite)的振荡频率之间的相关干涉的网格细胞形成机制的假设模型,也就是振荡干涉模型[146,148,152,155,156]。该模型认为,两种振荡相互干涉可以形成波带,波带的方向对应速度调制的优选方向,只要速度调制的优选方向相互间隔60°的倍数,最终就能形成动物学实验中所观察到的六边形网格样式。干涉振荡的模型表达式为[152]

$$g(t) = \Theta \Big[\prod_{HD} \big(\cos(2\pi ft) + \cos(2\pi(f + f_D \cdot B_H \cdot u \cdot \cos(\psi - \psi_{HD}))t) + \varphi \big) \Big]$$

$$(2.5)$$

式中:$g(t)$ 为网格细胞的激活函数;Θ 为一个阶跃函数;$\prod$ 为乘法运算;ψ 为方向;ψ_{HD} 为某个特定的优选方向;φ 为神经元膜电位的初始相位;u 为速度;B_H 为一个常值;f 为细胞体的振荡频率;f_D 为树突的基准频率;f_d 为树突的频率,其求解公式为

$$f_d = f + f_D \cdot B_H \cdot u \cdot \cos(\psi - \psi_{HD})$$ $$(2.6)$$

　　由上述分析可知,两种振荡相互干涉可以形成波带。因此,$g(t)$ 是一个对应于某个优选方向 ψ_{HD} 的波带,最终形成网格样式需要有 3 个这样的波带,而且优选方向相互之间要间隔60°的倍数。其示意图如图 2.8 所示。

　　最终形成的网格间距 $\Delta(z)$ 可由下式求取,即

$$\Delta(z) = 2/(\sqrt{3} B_H f_D(z))$$ $$(2.7)$$

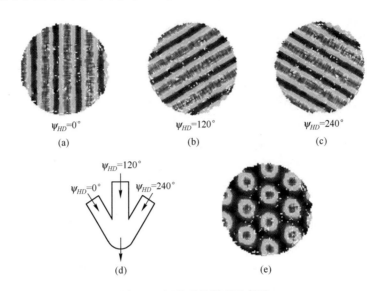

$\psi_{HD}=0°$ $\psi_{HD}=120°$ $\psi_{HD}=240°$

(a)   (b)   (c)

(d)   (e)

图 2.8 振荡干涉模型示意图

可以看到,网格间距与神经细胞树突的基准频率相关,而这个基准频率与神经细胞在内嗅皮质中所处的位置 z 是相关的。

2. 局部电路吸引模型

基于局部电路吸引属性的假设模型认为,网格样式的显现是神经元之间交互感知的结果。神经元之间的交互感知可以用一个连接矩阵表示,随着动物的移动,神经元的激活状态也会相应地在这个连接矩阵上移动。将神经元处于激活状态的所有空间位置点连接,就能形成动物学实验中所观察到的六边形网格样式[145,157,158]。

最早的局部电路吸引模型认为,网格细胞的周期性激活现象源自神经元间的 Mexican-hat 连接。也就是说,当具有相似的网格相位时,细胞间存在强烈的兴奋性连接,而当网格相位的差别越来越大时,细胞间的兴奋性连接也会变得越来越弱[157,158]。同时,一个全局的抑制将会阻止局部的激励扩展开来(图 2.9)。

2013 年,Couey 及其合作者在对内嗅皮质 layer II 层中的 600 多对星状细胞进行实验记录时发现,在细胞间所有功能性的连接都抑制的情况下,通过唤醒一个或者几个星状细胞,同时记录其他星状细胞的细胞势能,证实了星状细胞间一种双峰连接样式的存在[144]。论文中仿真实验显示,星状细胞间只需要一个恒定幅值和固定半径的 All-or-none 抑制连接,足以自发形成一个稳定的网格样式(图 2.10)。

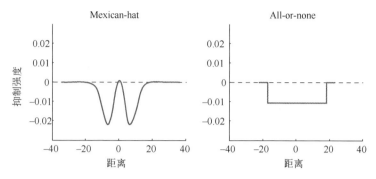

图 2.9　神经元间抑制连接方式示意图

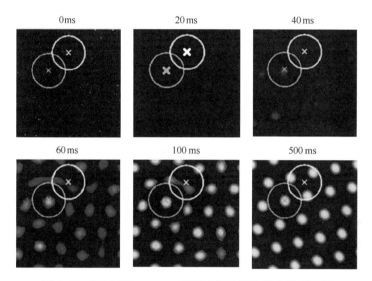

图 2.10　基于 All-or-none 抑制连接的网格样式形成过程

同年,Pastoll 及其合作者得到了独立但是相同的结论,研究认为,星状细胞间的连接几乎全都是排外的抑制[159]。以上这些研究表明,神经细胞间的连接不必是 Mexican-hat 连接,All-or-none 抑制连接对于网格样式的形成已经足够了。

All-or-none 抑制连接是网格细胞激活样式一个非常重要的假设模型,这种无组织的抑制连接能使神经元间形成彼此抑制的状态,使它们在位置上间隔最大化,再加上方向和速度激励的驱动,能非常容易地形成细胞学实验中所观察到的网格样式。其模型可由下式描述[144],即

$$\tau \frac{\mathrm{d}g_i}{\mathrm{d}t} + g_i = k \left(\sum_j W_{ij} g_j + I + \alpha \cdot u \cdot \cos(\psi - \psi_{HD}^i) \right)_+ \qquad (2.8)$$

式中:$(\cdots)_+$为线性阈值函数;g_i为第i个神经元的活性水平;τ为神经元的时间常数;k为增益;I为恒定的外部输入;α为速度调制系数;u为当前时刻的速度;ψ为方向;ψ_{HD}^i为第i个神经元的优选方向;W_{ij}为神经元j与神经元i之间的抑制强度,可由下式计算得到,即

$$W_{ij} = W_0 \cdot \Theta \left[R - \sqrt{(x_i - x_j - l \cdot \cos \psi_{HD}^i)^2 + (y_i - y_j - l \cdot \sin \psi_{HD}^i)^2} \right] \quad (2.9)$$

式中:Θ为一个阶跃函数;W_0为神经元之间的抑制强度,是一个负的常值;R为神经元之间抑制作用的半径;l为空间偏移量,为神经元之间的连接提供不对称性;$x_i = 1, 2, \cdots, N, y_i = 1, 2, \cdots, N$为将$N \times N$个神经元映射到的一个二维平面上所对应的位置。

神经元的优选方向ψ_{HD}有4个候选值$\psi_{HD} = m \cdot \pi/2, m = 0, 1, 2, 3$。将神经元群体中1%的个体的水平设置为1,其余设置为0,加上方向和速度激励的驱动,在较短的时间内即可形成细胞学实验中所观察到的网格样式(图2.10)。

2.3 基于网格细胞模型的拓扑图构建方法

由网格细胞特性可知,网格细胞的空间激活样式为标准的六边形网格状;如果将网格细胞按照网格间隔划分成不同的网格模块,连续的两个不同模块间网格的间隔近似成$\sqrt{2}$倍的关系,六边形网格的面积近似成2倍的关系,而且这种比例关系被证明是网格细胞以较高的空间分辨率表达环境的最优组织方式。

正是基于网格细胞特殊的环境表达方式,在本节拓扑图构建的方法中,重点考虑以下两点内容。

(1)仿照动物网格细胞的空间激活特性,定义拓扑图的顶点为网格的顶点,以及该顶点处所对应的传感器信息。

(2)仿照动物网格细胞利用不同尺度的网格模块实现对环境的高分辨率表达,尝试用多个拓扑图表达环境的拓扑结构。

因为本节拓扑图的顶点定义为环境中网格顶点及顶点处所对应的传感器信息,所以拓扑图的顶点实际上是从二维欧几里得空间中某些特定的位置处提取传感器信息得到的。由于本书当前研究的实验对象是地面车辆的导航问题,车辆的运行轨迹受道路约束的限制,无法像实验中的老鼠在场地上可以向各个方向随意移动,因此,本节拓扑图的构建不考虑载体运动的方向信息,可进一步简化为从一维欧几里得空间某些特定的位置处提取传感器信息的问题。下面将首先探究网格细胞在一维欧几里得空间中的激活特性。

以网格细胞的振荡干涉模型为例,将式(2.5)重写为

$$g(t) = \Theta \left[\prod_{HD} \left(\cos(2\pi ft) + \cos(2\pi(f + f_D \cdot B_H \cdot u \cdot \cos(\psi - \psi_{HD}))t) + \varphi \right) \right]$$
(2.10)

不考虑方向信息,公式可简化为

$$\begin{aligned} g(t) &= \Theta \left[\cos(2\pi ft) + \cos(2\pi(f + f_D \cdot B_H \cdot u)t) + \varphi \right] \\ &= \Theta \left[2\cos(2\pi(f + f_D \cdot B_H \cdot u/2)t)\cos(2\pi(f_D \cdot B_H \cdot u/2)t) + \varphi \right] \end{aligned}$$
(2.11)

可以看到,与二维欧几里得空间类似,网格细胞细胞体的振荡频率 f 和树突的振荡频率 $f_d = f + f_D \cdot B_H \cdot u$ 在细胞体处求和之后,将会产生干涉振荡,并在峰值处超过细胞激活的阈值,最终形成干涉样式。其中,最终的干涉样式表现为一个载频(Carrier Frequency)被一个包络线(Envelope)调制。载频的频率是两个频率的平均值 $f + f_D B_H u/2$,包络线的频率为两个频率差值的一半 $f_D B_H u/2$,其幅值的变化频率为两个频率的差值 $f_D B_H u$。两个相邻的最大幅值之间的距离,也就是网格的间距 $\Delta(z)$,可由下式求取,即

$$\Delta(z) = u \cdot \frac{1}{f_D B_H u} = \frac{1}{f_D(z)B_H}$$
(2.12)

$\Delta(z)$ 是一个与速度 u 无关的量。可以看到,网格间距与神经细胞树突的基准频率 $f_D(z)$ 相关,而这个基准频率与神经细胞在内嗅皮质中所处的位置 z 是相关的。对于内嗅皮质中某个固定位置 z 处的网格细胞,其在一维欧几里得空间的激活特性是每隔 $\Delta(z)$ 距离激活一次,与载体的运动速度无关。

这里,以一个简单的算例演示网格细胞在一维欧几里得空间中的激活特性。示例采用两个实验场景。

(1)假设细胞体的振荡频率 $f = 9$Hz,树突的基准频率 $f_D = 10$Hz,常值 $B_H = 1/3$s/m,老鼠的运动速度 $u_1 = 0.6$m/s,则树突的振荡频率 $f_{d1} = f + f_D B_H u_1 = 11$Hz。细胞体与树突振荡频率的干涉结果如图 2.11 所示。两个相邻的最大幅值之间的距离 $\Delta_1 = u_1 \cdot T_1 = u_1/(f_{d1} - f) = 0.6/2 = 0.3$m。

(2)假设细胞体的振荡频率 f、树突的基准频率 f_D 以及常值 B_H 与场景一保持一致,老鼠的运动速度减小为场景一的二分之一 $u_2 = 0.3$m/s,则树突的振荡频率 $f_{d2} = f + f_D B_H u_2 = 10$Hz。细胞体与树突振荡频率的干涉结果如图 2.12 所示。两个相邻的最大幅值之间的距离 $\Delta_2 = u_2 \cdot T_2 = u_2/(f_d - f) = 0.3/1 = 0.3$m。

两种场景下网格细胞在环境中的激活状态如图 2.13 所示。其中,阶跃函数的阈值设为 1.8。

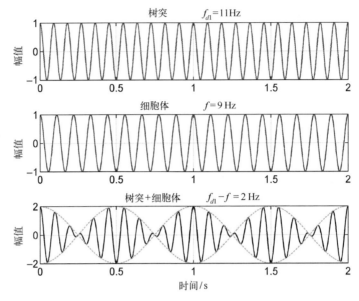

图 2.11 场景一中细胞体与树突振荡频率的干涉结果

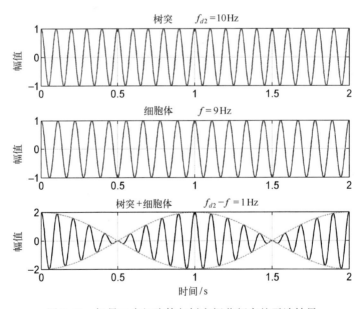

图 2.12 场景二中细胞体与树突振荡频率的干涉结果

与二维欧几里得空间中网格细胞的激活特性相对应,在一维欧几里得空间中,网格间距同样与树突的基准频率相关,与动物的运动速度无关。也就是说,网格细胞在一维欧几里得空间中是等距离激活的,而这个距离就是网格的间

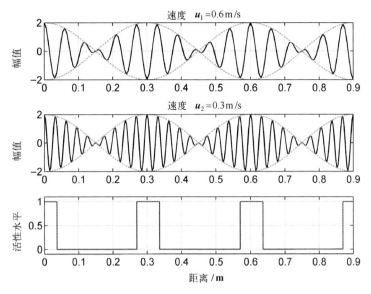

图 2.13　网格细胞在环境中的激活状态

距,仅仅与网格细胞在内嗅皮质中的位置有关。

　　根据以上结论,本节基于网格细胞模型的拓扑图构建方法如下。

　　(1) 用 N 个拓扑图表达环境的拓扑结构,即

$$G_n = \{V_{G_n}, E_{G_n}\}, \quad n = 1, 2, \cdots, N \tag{2.13}$$

其中,每个拓扑图都有一个网格间距 Δ_n 与之对应;N 个拓扑图所对应的网格间距间存在以下关系,即

$$\Delta_n = \lambda \Delta_{n-1}, \quad n = 2, 3, \cdots, N \tag{2.14}$$

式中:λ 为一个常值。

　　(2) 拓扑图顶点与边的定义。以 $G_1 = \{V_{G_1}, E_{G_1}\}$ 为例,拓扑图的顶点与边的定义为

$$v_{G_1}^i = \{s_1^i, s_2^i, \cdots, s_M^i\}, \quad v_{G_1}^i \in V_{G_1} \tag{2.15}$$

$$e_{ij} = v_{G_1}^i v_{G_1}^j, \quad e_{ij} \in E_{G_1} \tag{2.16}$$

式中:$s_1^i, s_2^i, \cdots, s_M^i$ 为 M 种传感器感知信息,如方位角信息、图像信息等,本文拓扑图的构建主要依赖视觉传感器,因此 s_1^i 对应的是图像信息;e_{ij} 为与顶点 $v_{G_1}^i$ 和 $v_{G_1}^j$ 相邻接,本节导航应用中不存在边与顶点不相邻接的情况。

　　(3) 拓扑图顶点的提取法则。拓扑图中的第一个顶点对应载体初始位置处的传感器信息,当载体的位置 p 与提取的最新顶点对应的位置存在足够的差异时,建立一个新的顶点。这个差异根据下面的差异指标函数计算得到,即

$$S = |\boldsymbol{p}^i - \boldsymbol{p}| \tag{2.17}$$

如果差异值超过一个阈值,也就是网格间距 Δ_1,则提取当前位置的传感器信息作为新的顶点,同时创建一条相关联的拓扑图的边。其他拓扑图顶点与边的定义与此类似。

为了更加清晰直观地描述拓扑图的构建方法,以单一尺度的拓扑图 $G_1 = \{V_{G_1}, E_{G_1}\}$ 为例,可绘制拓扑图的构建流程如图 2.14 所示。

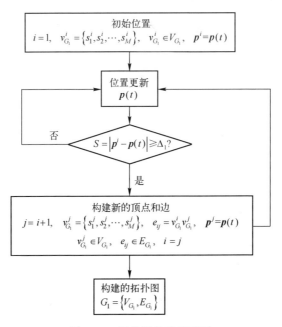

图 2.14　拓扑图构建流程图

其他尺度拓扑图的构建流程与此类似,仅在图中阴影部分的指标函数处略有不同。

2.4　拓扑图的构建与误差分析

▶ 2.4.1　拓扑图的构建

本节通过一次车载实验详细阐述本文拓扑图的构建方法。其中,由 IMU 和 BD 接收机组成的高精度组合导航系统为构图提供精确的位置信息,组合导航系统定位结果输出频率为 100Hz;拓扑图顶点所对应的图像信息由一台

PointGrey 公司推出的 Bumblebee2 多视点视频立体相机提供,相机输出频率为
10Hz。该车载试验场景为普通的城市道路,实验车顺时针绕一个近似梯形的区
域一圈,其运行轨迹如图 2.15 所示,全程 1220m,耗时 3min。

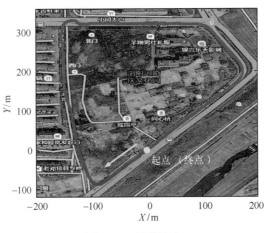

图 2.15　行驶轨迹

实验中构建 3 个不同尺度的拓扑图表征环境的拓扑结构。设定最小尺度
拓扑图的网格间距 $\Delta_1 = 1$m,常值 $\lambda = 8$,则 3 个不同尺度的拓扑图可表示为

$$G_1 = \{V_{G_1}, E_{G_1}\}, \quad \Delta_1 = 1\text{m} \tag{2.18}$$

$$G_2 = \{V_{G_2}, E_{G_2}\}, \quad \Delta_2 = \lambda \cdot \Delta_1 = 8\text{m} \tag{2.19}$$

$$G_3 = \{V_{G_3}, E_{G_3}\}, \quad \Delta_3 = \lambda \cdot \Delta_2 = 64\text{m} \tag{2.20}$$

以组合导航系统输出的位置信息为基准,将初始位置处对应的传感信息作
为第一个拓扑图顶点,按照 3 个不同的网格间距 $\Delta_1 = 1$m、$\Delta_2 = 8$m 和 $\Delta_3 = 64$m,
根据指标函数式(2.17),可以得到 3 个不同尺度的拓扑图,如图 2.16 所示。图
中灰色的点表示载体的运动轨迹;圆圈表示拓扑图的顶点;圈与圈之间的连线
表示拓扑图的边,图 2.16(a)和图 2.16(b)中左边黑色方框区域的放大部分在
图片的中间区域给出。需要强调的是,根据上文对拓扑图的定义,拓扑图顶点
之间并不存在精确的相对位置关系的概念,下图中将拓扑图与载体在欧几里得
空间中的运行轨迹相结合、绘制在同一幅图中只是为了表达拓扑图顶点的提取
方法,实际的拓扑图关注的是顶点之间的连通关系,不涉及欧几里得空间中相
对位置的概念。

通过统计可知,拓扑图 G_1 共有顶点 920 个、边 919 条;拓扑图 G_2 共有顶点
146 个、边 145 条;G_3 共有顶点 19 个、边 18 条。虽然 3 个不同尺度的拓扑图都

能很好地表征环境的拓扑结构,但各自却都存在以下优点与缺点。

(1)网格间距小的拓扑图能够更加精细地表征环境的拓扑结构,但需要构建的拓扑图顶点也会急剧增加,这将会对后续拓扑图顶点的识别造成较大的计算负担。

(2)网格间距大的拓扑图需要构建的拓扑图顶点很少,在后续拓扑图顶点识别过程中能够起到快速搜索的作用;然而,较大的网格间距又会使得拓扑图顶点对环境的表达过于粗糙,产生的定位误差也会较大。

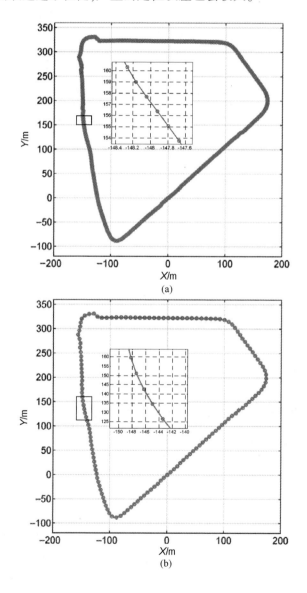

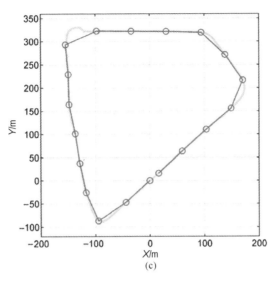

(c)

图 2.16　3 种不同尺度的拓扑图

（a）拓扑图 G_1；（b）拓扑图 G_2；（c）拓扑图 G_3。

2.4.2　构图误差分析

在拓扑空间中利用拓扑图实现导航定位的精度，主要由两个方面的因素决定：一是拓扑图顶点的识别精度，这一内容将在第 3 章中着重介绍；二是拓扑图的构建精度。拓扑图的构建对拓扑空间中导航定位精度的影响又主要来源于三个方面的误差：位置测量误差；网格间距误差；道路约束误差。下文中将从这 3 个方面详细分析拓扑图的构建误差对拓扑空间中导航定位精度的影响（图 2.17）。

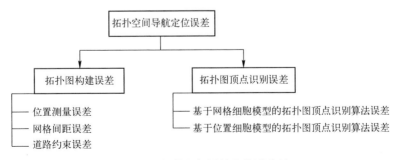

图 2.17　拓扑空间导航定位误差链

（1）位置测量误差。拓扑图构建过程中，从载体运行轨迹中抽取的拓扑图顶点所对应的欧几里得空间中的位置由惯性/卫星组合导航系统精确给定，当拓扑图顶点识别完全正确时，顶点对应的位置精度将直接影响最终的定位精度。本节使用的组合导航系统由激光惯性导航系统与北斗定位系统共同组成，同时，定位结果结合后期差分 GPS 进一步校正，可以作为绝对的位置基准，定位误差可以忽略不计。

（2）网格间距误差。在拓扑图的构建过程当中，最小尺度拓扑图的网格间距决定了拓扑图表征环境的精细程度，同时，这也决定了利用该拓扑图实现导航定位的极限精度。如图 2.18 所示，圆圈和连接圆圈的线条分别表示所构建的最小尺度拓扑图的顶点和边，拓扑图的网格间距为 Δ。当识别到载体当前的位置对应图中实心的拓扑图顶点时，可以得到载体当前的位置对应图中所标示的区间，该区间长度为 Δ。也就是说，最终的定位结果存在一个长度为 Δ 的不确定区间。

图 2.18　网格间距误差示意图

为了提高载体最终的导航定位精度，最小尺度拓扑图的网格间距应该越小越好。然而，拓扑图网格间距越小，需要构建的拓扑图顶点也就越多，后续识别算法的计算量也就越大。因此，选择合适的、最小尺度拓扑图的网格间距是一个需要综合考虑的问题。

（3）道路约束误差。拓扑图顶点的提取对应载体运行轨迹上某些特定的位置。本节研究的问题为地面无人平台在有道路约束情况下的自主导航定位问题，因此，拓扑图顶点的提取对应载体在道路上行驶的某些特定的位置。如图 2.19 所示，图中上下两条平行线表示水平方向的道路；两个长方形的方框分别表示载体两次、不同时间来到该条道路；圆圈和连接圆圈的线条分别表示构建的拓扑图的顶点和边。由图可知，当载体再次运行到道路上这个位置，并成功识别当前的位置对应图中实心的拓扑图顶点时，只能得到载体当前的位置对应图中所标示的区间，该区间的宽度为 L，约等于行驶道路宽度与载体宽度之差。在本文实验过程中，根据不同的道路情况，通过驾驶控制，可以将这一误差控制在 $1 \sim 2\text{m}$。

综上所述，拓扑图的构建对拓扑空间中导航定位精度 δp 的影响主要由网格间距误差 ε_Δ 和道路约束误差 ε_L 共同决定，三者之间存在以下关系，即

$$\delta p \approx \sqrt{\varepsilon_\Delta^2 + \varepsilon_L^2} \leqslant \sqrt{\Delta^2 + L^2} \tag{2.21}$$

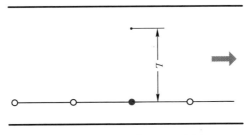

图 2.19　道路约束误差示意图

因此,减小最小尺度拓扑图的网格间距,尽量保持载体沿相同的路径通过拓扑图顶点可以有效地减小拓扑图的构建对最终拓扑空间中导航定位精度的影响。

2.5　本章小结

在开展拓扑空间导航方法研究之前,本章对涉及的一些基本理论做了简要介绍,给出了针对本文应用背景的拓扑空间导航问题相关概念的定义。详细分析和介绍了网格细胞的特性及数学模型。针对本文应用背景,结合网格细胞特殊的空间表达方式,提出了一种基于网格细胞模型的拓扑图构建方法。如何将构建好的拓扑图应用到载体导航中,是下一章将要重点介绍的内容。

第3章　基于位置细胞模型的仿生导航算法

本章介绍的仿生导航算法,主要侧重的是拓扑图顶点的识别方法,主要目的是为载体远距离导航提供有效的位置约束。

在拓扑空间导航方法研究中,拓扑图顶点的识别是拓扑空间导航方法研究的重要内容之一[26,109,122,123,160]。对于构建好的拓扑图,正确地识别拓扑图顶点可以将已知顶点关联的信息直接赋值给当前载体的导航状态,提高载体的定位精度;然而,错误的识别拓扑图顶点,又将导致定位误差的急剧增加,构建的拓扑图也会发生结构性错误。如图 3.1 所示,不规则虚线为载体航位推算的结果,载体真实的运行轨迹是从 A 出发,按照逆时针顺序依次经过 B、C、D 后回到 A 处。然而,由于航位推算误差的累积,最终定位结果在 A′处,如果能够正确地识别顶点 A,则累积的航位推算误差将直接消除;如果识别顶点错误,如识别为顶点 C(图中短虚线所示),又将直接导致构建的拓扑图发生结构性错误,对定位结果也将造成恶劣影响。正因为如此,拓扑图顶点的识别问题也成为 SLAM 导航算法领域的一个研究重点,也是难点问题[26,109,122,123,160]。

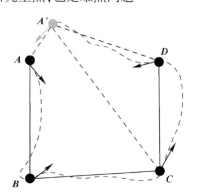

图 3.1　拓扑图顶点识别的重要性

本章首先介绍了位置细胞的特性及位置区域形成的数学模型,结合第 2 章网格细胞的相关研究内容,分别提出了基于网格细胞和位置细胞的仿生导航算法。车载实验验证了算法的正确性、可行性和精确性,并与现有的 SeqSLAM 算法[33,34]进行了对比分析。

3.1　位置细胞的特性分析

海马体是神经记忆系统的核心,它提供了一个空间框架,在这个框架中,生物所经历的事件和经验都被记录下来,并彼此关联,形成经验知识。海马体不仅为生物提供了一个空间地图,也提供了一个可以将记忆关联起来的平台[137,149,161,162]。在这个空间地图中发挥着重要作用的就是一种称为位置细胞的神经元。位置细胞的发现者 O'Keefe 及其合作者指出,如果海马体中所有的位置细胞以合适的方式相互连接,将会形成环境的空间地图[161]。下文中将着重介绍海马体中位置细胞的特性及相关研究进展。

▶ 3.1.1　位置细胞的特性

在老鼠的海马区里,插一根可以记录单个神经细胞动作电位(Action Potentials)的电极,让老鼠在一个开放式的实验区域自由跑动,同时记录神经细胞的动作电位和老鼠的移动轨迹及位置坐标。正是利用这一先进且富有成效的技术,1971 年,O'Keefe 和他的学生 Dostrovsky 在海马体中发现了一种神经细胞,这种神经细胞与老鼠在环境中的位置相关联,他们称这种细胞为位置细胞(Place Cells)[85]。O'Keefe 发现,当老鼠跑到实验区域的某个地方时,海马体内的某一个特定的神经细胞 A 就会激活,周围的其他细胞处于非激活状态的;跑到其他地方时,这个 A 细胞就不会激活,而另外一个 B 细胞就会激活。图 3.2 给出了位置细胞与网格细胞在 1m×1m 的实验环境中激活位置的实验结果[86,149]。其中,灰色的线表示老鼠运动的轨迹,黑点表示在这个位置相应的位置细胞或者网格细胞激活了。从图中可以看到,位置细胞在环境中只有一个激活区域,而网格细胞却有多个激活区域,并且呈现出网格状。

位置细胞首先在海马体的 CA1 区域发现,后来又在 CA3 区域发现[85,163-166]。通过大量的实验研究,O'Keefe 在 1976 年的文章指出,老鼠在环境中移动造成位置细胞的激活,不是因为老鼠刚好在那个位置,也不是老鼠为了到那个位置去,而表现出的是一个认知过程,是对当前位置与环境的关联,与行为无关、与动机或者外部激励无关[163]。

随着位置细胞的发现,围绕位置细胞的研究大量展开[133,153,167-172],综合当前研究现状,位置细胞主要存在以下几大特性。

(1)同一个位置细胞可能在不同的环境中都会激活,但是激活的区域通常是不一样且不相关的[126,172,173]。一般称位置细胞的这种特性为重映射(Remapping)。

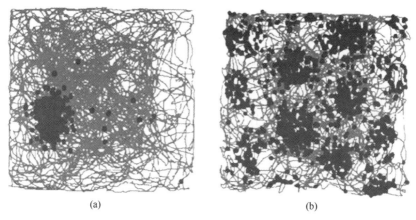

(a)   (b)

图 3.2 位置细胞与网格细胞激活位置对比
(a) 位置细胞；(b) 网格细胞。

（2）环境细微的改变，均能够引起位置细胞的重映射[172]。因此，海马体中位置细胞存储的实际上是环境的动态地图[174]。

（3）当外部显著的、地标性的标志发生旋转时，位置细胞的激活区域也会随之发生旋转[172,175]。同样地，当把矩形的实验环境拉伸时，相应的位置区域也会跟着发生拉伸[176]。

（4）不同的位置细胞在海马体中的相对位置关系，与对应的激活区域在环境中的相对位置关系是没有关联的[177]。换言之，在海马体中相邻的两个位置细胞所对应的、环境中的激活区域是不相邻的[172,178]。

（5）在一个标准尺寸的实验环境中，大部分但不是全部的位置细胞只有唯一一个激活区域[179]。

▶ 3.1.2 位置细胞的模型

目前，对位置细胞的理解尚不完全，响应形成机制仍然很不明确[180]。由于网格细胞是位置细胞上游突触之一，大部分文献均认为位置细胞的形成源自不同网格间距的网格细胞的线性求和[13,14,153,157,158,179,181]。然而，另外有模型认为，只要局部海马体回路中具有将局部信号放大的机制，任何周期或者非周期的微弱信号，均会导致位置细胞激活样式的形成[182-184]。同时，在 MEC 中除了网格细胞外，还有其他功能的细胞也会投射到海马体，这使得网格细胞与位置细胞之间的关系变得更加复杂[185]。MEC 中就有一部分边界细胞，它们仅仅在边界处才会激活[186,187]。研究认为，相比环境的中部区域，大量位置细胞激活区域发生在靠近角落和墙的地方[163,188]与边界细胞在位置细胞激活样式中发挥作用的假设是一致的[180]。后续的研究结果发现,在动物的幼年时期,边界细胞在位置细胞激活样式的形成中发挥了部分作用;随着动物的长大,网格细胞在位置细胞激活样式的形成中所发挥的作用是逐渐增大且重要的[180]。基于以上研究发现,下文中仅考虑网格细胞在位置细胞形成中所发挥的作用。

关于从网格细胞到位置细胞的变换机制,不少学者提出了假设模型。Azizi 及其合作者认为,位置细胞的激活是不同的网格细胞共同作用的结果。论文中模型假设处于下游的位置细胞由上游网格细胞激活状态的加权求和得到;模型仿真结果显示,从网格细胞到位置细胞的变换是非常鲁棒的,网格细胞中的生物学噪声对位置细胞的激活样式不会造成较大影响[181]。Erdem 等提出了一个更为简化的模型,该模型中不同尺度的网格细胞最终汇聚到一个单独的位置细胞,这个位置细胞处于激活状态当且仅当上游的全部网格细胞都处于激活状态;作者在此假设的基础上,提出了一种基于目标引导的仿生 HiLAM 导航算法,实验证明了方法的可行性和有效性[13-15]。

Solstad 等提出了一个与 Azizi 类似的模型,认为位置区域的形成是由适当权值的网格细胞的线性求和得到的,相比 Azizi 的模型,该模型中增加了一个空间非特定抑制项[179],如图 3.3 所示。书中认为,单一的位置区域可能是由 10~

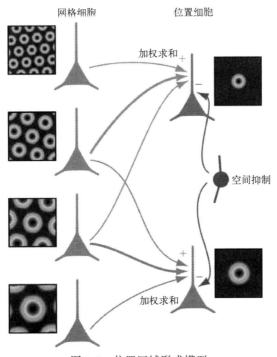

图 3.3　位置区域形成模型

50 个不同网格相位、网格间距和网格方向的网格细胞求和得到的。模型中只要网格相位变化足够大,就可得到多样的、不规则的位置细胞激活区域。位置细胞激活区域的表达式为

$$p(x,y) = \left(\sum_{i=1}^{n} A_i g_i(x,y) - C_{inh} \right)_+ \qquad (3.1)$$

式中:$(\cdots)_+$ 为线性阈值函数;$g_i(x,y)$ 为第 i 个网格细胞的激活函数;A_i 为第 i 个网格细胞的权值系数;C_{inh} 为空间非特定抑制,用来平衡网格细胞的激励输入。

在式(3.1)中,网格细胞激活函数还是网格顶点位置、网格方向和网格间距的函数。由此可见,位置细胞的激活实际上是不同网格细胞对环境多重尺度表达之后综合的结果。

3.2 基于网格细胞和位置细胞的仿生导航算法

Hafting 及其合作者认为,网格细胞是动物完成路径积分的基础,但是单一的网格细胞不足以完成路径积分,因为网格细胞的空间激活区域是多重的,不唯一的激活区域将最终导致定位结果的不确定[86];动物的路径积分需要不同尺度的网格细胞联合完成[158]。然而,仍然有很多学者认为网格细胞在动物活动的环境中周期性激活的现象是经由速度调制的路径积分所决定的[149,150]。位置细胞和网格细胞所表达的都是路径积分的结果而非路径积分形成的基础[138,189-192]。最新的研究成果发现,在 MEC 中有一种可以线性表达移动速度的细胞,称为速度细胞[193]。速度细胞的响应仅仅与速度有关,独立于位置和方向信息。结合方向细胞[129,130]提供的方向信息对速度进行积分,速度细胞可以为网格细胞提供移动的距离信息[180]。因此,由路径积分生成的网格区域也被认为是动物用来描述自身位置的神经地图的一部分[149],可以动态表征动物在环境中的相对位置。

也有研究认为,网格细胞激活样式的形成可能是由与空间关联的感知信息所决定的[151]。具有类似结果的研究发现,内嗅皮质与海马体之间存在反馈连接,位置细胞可以将与环境固连的位置和视觉信息反馈给网格细胞,使网格细胞对应的网格区域也与环境固连[153,194]。甚至有文章提出了基于位置细胞的网格区域形成机制的数学模型,该模型认为,网格细胞每一个网格区域的位置都可由一个空间相关联的位置细胞群联合提供得到[195]。

同时,早在 1949 年,Hebb 就提出了神经元的表达具有时间维度的理论[196],文中认为,神经元的顺序依次激活可能是大脑思考的神经基础。空间细胞的顺序激活使得空间细胞能够对空间位置信息进行编码[149],并成为动物空间记

忆形成的基础[137]。综上所述,本节认为网格细胞是具有间接定位功能的,同时网格细胞激活所表现的时间维度,能使网格细胞对空间信息进行更加准确的编码。

　　在视觉识别领域基于单帧图像的位置识别算法层出不穷的背景下[197,198],澳大利亚昆士兰科技大学的 Michael Milford 分别于 2004 年和 2012 年提出了基于连续多帧图像信息的位置识别算法 RatSLAM[30] 和 SeqSLAM[33],算法的原理与网格细胞上述的导航特性正好契合。下面将以 SeqSLAM 为例简要介绍基于网格细胞模型的仿生导航算法,并在此基础上提出基于位置细胞模型的仿生导航算法。

 ### 3.2.1　基于网格细胞模型的仿生导航算法

　　由前面介绍可知,本章介绍的仿生导航算法,主要侧重拓扑图顶点的识别方法。由上述介绍可知,基于网格细胞激活区域所具有的时间维度,可以实现网格细胞对空间信息的准确定位。以一维欧几里得空间为例,利用网格细胞所对应的某一个激活区域所关联的图像信息对位置进行识别,可能造成最终识别结果的模糊和不确定[33,199]。如图 3.4 所示,图 3.4(a)与图 3.4(b)非常相似,而图 3.4(a)与图 3.4(c)却相差很大,但实际情况却是图 3.4(a)与图 3.4(c)是在不同时间和不同天气情况下相同位置拍摄的两幅图片,而图 3.4(a)与图 3.4(b)是在两个不同的地方拍摄的图片。

(a)

(b)

(c)

图 3.4　单帧图像匹配的不确定性

采用连续时间的多个网格区域所关联的图像序列对位置识别,将会消除这种不确定性,得到更加准确的定位结果。正是基于这一原理,Milford 提出了基于图像序列匹配的 SeqSLAM 导航算法[33],算法的原理如图 3.5 所示。由第 2 章介绍可知,网格细胞在一维欧几里得空间中的激活区域是等间隔的,所以网格激活区域所对应的视觉信息也是等间距采样得到,这是与 SeqSLAM 算法的不同之处,是需要注意的。

图 3.5 中为了确定网格细胞在 l_k 处激活的网格区域所对应的位置是否为以前来过的地方,仅仅依靠 l_k 处网格区域所关联的图像信息与历史数据对比,容易造成最终匹配结果的不确定性,但是利用 3 个连续激活的网格区域所关联的图像信息 l_{k-2}、l_{k-1} 和 l_k 同时与历史信息匹配,将会大幅增加定位结果的正确性。在图 3.5 中,当且仅当 l_{k-2}、l_{k-1} 和 l_k 所对应的图像序列与 l_1、l_2 和 l_3 所对应的图像序列相匹配时,才认为 l_k 处激活的网格区域所对应的位置与 l_3 处激活的网格区域所对应的位置为同一个位置,图中颜色越深,表示差异越小。算法的主要步骤如下。

（1）图像相似性计算。计算当前网格区域 l_k 所关联的图像信息与存储的所有网格区域关联的图像之间的差异值函数,其表达式为

$$D_{i,k} = \min_{\Delta x \in \sigma} \left(\frac{1}{S} \sum_{x=0}^{R_x} \sum_{y=0}^{R_y} \left| I_k(x + \Delta x, y) - I_i(x, y) \right| \right) \tag{3.2}$$

式中:σ 为水平移动像素的范围,一般取 $\sigma = 0$;$x = 0, 1, \cdots, N_x, y = 0, 1, \cdots, N_y$ 分别为图像差异性对比区域像素点坐标的取值;S 为图像差异性对比区域像素的面积,$S = R_x R_y$;I 为像素点的强度信息;i 为存储的第 i 个网格区域所关联的图像,$i = 0, 1, \cdots, k$。

通过与存储的 k 幅图像的对比,可以得到一个图像差值矢量,即

$$\boldsymbol{D}_k = [D_{0,k}, D_{1,k}, \cdots, D_{k,k}]^{\mathrm{T}} \tag{3.3}$$

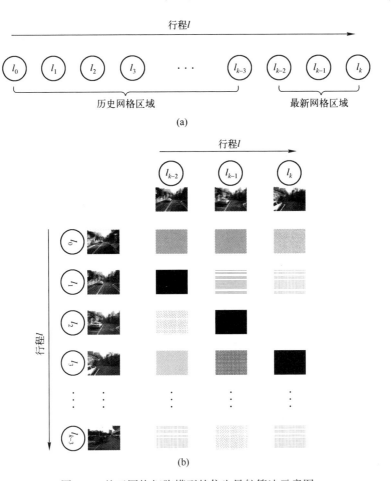

图 3.5　基于网格细胞模型的仿生导航算法示意图

(a) 网格激活区域;(b) 图像序列匹配。

进行归一化运算可得

$$\hat{D}_{i,k} = \frac{D_{i,k} - \overline{D}_{i,k}}{\sigma_{i,k}}, \quad i = 0,1,\cdots,k \tag{3.4}$$

式中:$\overline{D}_{i,k}$ 和 $\sigma_{i,k}$ 分别为 $D_{i,k}$ 邻近区域的均值和标准差,从而可以得到一个归一化后的差异值矢量,即

$$\hat{\boldsymbol{D}}_k = [\hat{D}_{0,k}, \hat{D}_{1,k}, \cdots, \hat{D}_{k,k}]^\mathrm{T} \tag{3.5}$$

(2) 图像序列匹配。按照同样的方法计算最近的 n 个网格区域所对应图像的差异值矢量,得到一个差异值矩阵,即

$$\boldsymbol{M} = [\hat{\boldsymbol{D}}_{k-n+1}, \hat{\boldsymbol{D}}_{k-n+2}, \cdots, \hat{\boldsymbol{D}}_k]^\mathrm{T} \tag{3.6}$$

矩阵 M 构成了一个图像差异值对比结果的搜索空间。在这个搜索空间中，以左列中的任何一个元素作为起点，找到一条直线使得这条直线通过矩阵 M 中的元素的和最小(图3.6)，即

$$\min \quad f(i,\kappa) = \frac{1}{n}\sum_{j=k-n+1}^{k}\hat{D}_{r(i,j,\kappa),j}$$

$$\text{s. t.} \quad 0 \leqslant i \leqslant k, \quad \kappa_{\min} \leqslant \kappa \leqslant \kappa_{\max}, \quad i,r \in \mathbb{Z}, \quad \kappa \in \mathbb{R} \tag{3.7}$$

式中: n 为用来定位的图像序列的长度; i 为左列中起始点的行号; κ 为搜索直线的斜率; r 为搜索直线上对应元素的行号, $r(i,j,\kappa) = i+\kappa(j-(k-n+1))$。

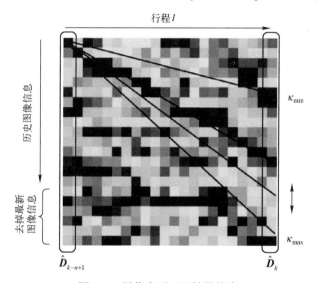

图 3.6　图像序列匹配结果搜索

为了决定当前的图像序列是否与存储的任何路线相匹配，将得到的最小匹配分数 $f(i^*,\kappa^*)$ 与阈值 ε_n 相比较，如果 $f(i^*,\kappa^*) \leqslant \varepsilon_n$，则成功匹配;否则，认为当前位置为一个新的位置，以前没有来过。如果成功匹配，认为行号为

$$r(i^*,k,\kappa^*) = i^* + \kappa^*(n-1) \tag{3.8}$$

的历史图像信息所关联的网格区域所对应的位置与当前网格区域所对应的位置为同一位置。

值得注意的是，根据网格细胞的激活特性，采集的图像信息都是在恒定间距采集的。这使得可以将搜索直线的斜率 κ 限定在一个很小的区间，甚至一个独立的斜率 κ 值就可以了。与 SeqSLAM 中定时采集图像信息相比[33,34]，这将急剧减小计算量，较大地提高算法的搜索效率。

3.2.2 基于位置细胞模型的仿生导航算法

迄今为止,动物空间细胞的描述和研究都是基于小尺度的、人为创造的实验室环境[149,180]。那么,在真实的自然环境中,这些细胞在动物导航定位过程是否将发挥同样的作用呢?

埃及水果蝙蝠是目前发现的一类具有出色导航本领的哺乳动物。研究发现,埃及水果蝙蝠能够每天晚上飞行上万米到同一棵水果树上觅食,而且这些蝙蝠能够在飞行近 100km 后,以近乎直线的路线返回巢穴[105]。可以推测,这些蝙蝠拥有一个它们生存环境(约 100km 范围)的详尽地图。如果按照 3.2.1 节基于网格细胞模型的仿生导航方法,在仅仅只考虑一维空间的情况下,假设网格区域的间距为 1m,这样全程下来将有 100000 幅图像信息与全部网格区域相关联,这么大的数据量对于现有计算机的计算能力进行实时计算处理是困难的。不但如此,埃及水果蝙蝠在小范围内依靠基于回声的空间路标记忆,对目标的定位精度可达 1~2cm[200]。因而,蝙蝠似乎在大脑中存储了它们生存环境中不同空间尺度的多幅地图。

由 3.1.2 节位置细胞的模型可知,位置细胞的激活实际上是不同网格细胞对环境多重尺度表达之后综合的结果。正是基于上述启发,本节提出了一种基于位置细胞模型的仿生导航算法。以 3 种不同尺度的网格细胞为例,利用 3 种不同尺度的网格细胞联合定位,并假定参数 $A_1 = A_2 = 1/2$,$A_3 = 1$,$C_{inh} = 1$,可以求得位置细胞激活函数 $p(x)$ 的值为

$$p(x) = \left(\sum_{i=1}^{3} A_i g_i(x) - C_{inh} \right)_+ = \begin{cases} \dfrac{1}{2}, & x \in X_3, x \notin X_1, x \in X_2 \\ \dfrac{1}{2}, & x \in X_3, x \in X_1, x \notin X_2 \\ 1, & x \in X_3, x \in (X_1 \cap X_2) \\ 0, & 其他 \end{cases} \quad (3.9)$$

式中:$X_1 = \{x \mid |x - x_1| \leqslant \Delta_1/2\}$,$\Delta_1$ 为 g_1 网格区域的宽度;$X_2 = \{x \mid |x - x_2| \leqslant \Delta_2/2\}$,$\Delta_2$ 为 g_2 网格区域的宽度;$X_3 = \{x \mid |x - x_3| \leqslant \Delta_3/2\}$,$x_3^k \in (X_1 \cup X_2)$,$\Delta_3$ 为 g_3 网格区域的宽度;x_1、x_2、x_3 分别为 g_1、g_2、g_3 识别的历史网格区域中心的位置,并且满足 $|x_1 - x_2| < (\Delta_1 + \Delta_2)/2$。

可以看到,如果位置细胞最终能够激活,位置细胞的激活区域必定对应 g_3 的识别区域,也即最精确的定位结果。

为了更加清晰直观地描述以上基于位置细胞的仿生导航算法,可以绘制算法的主要思路,如图 3.7 所示。

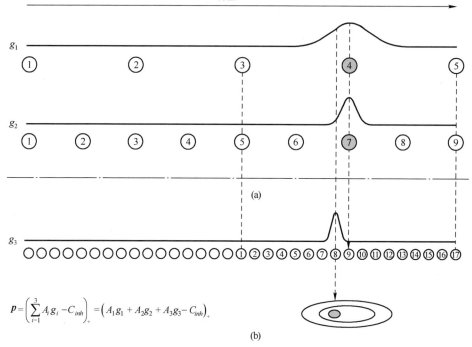

图 3.7　基于位置细胞模型的仿生导航算法示意图
(a) 正确性、快速性；(b) 精确性。

由图 3.7 可知,基于位置细胞模型的仿生导航算法主要由两部分构成。

(1) 正确性和快速性。利用大尺度的网格细胞关联的图像序列进行定位搜索时,可以大幅度地减少待搜索图像的帧数,显著提高算法的计算效率。如图 3.7(a) 中所示,利用网格细胞 g_1 进行定位搜索所需的历史图像帧数仅为利用 g_3 进行定位搜索所需图像帧数的 1/8。这种计算效率上的优势随着导航距离的增加将会愈发明显。

多种大尺度网格细胞的联合定位,可以提高算法识别的正确性。如图 3.7(a) 所示,网格细胞 g_1 的识别结果为 g_1 中的 4#网格区域,网格细胞 g_2 的识别结果为 g_2 中的 7#网格区域。如果两者都能成功识别,并且分别识别得到的历史网格区域之间的距离在一定阈值范围之内,则认为识别的结果是正确的;否则,认为识别的结果无效。这一过程对应位置细胞激活区域中最大椭圆所包围的部分。

正确地识别网格区域,能够使累积的导航定位误差瞬间减小到较小的范围之内;然而,错误的识别,又将直接导致构建的网格区域发生结构性错误,对定位结果也将造成恶劣影响。因此,如何提高识别的正确性一直以来都是 SLAM 领域关注的重点也是难点内容[26,109,122,123,160]。

（2）精确性。多种大尺度网格细胞的联合识别,可以快速地得到一个正确的识别区间;在这个待识别区间中利用小尺度的网格细胞进行定位搜索,可进一步提高最终的识别精度。如图 3.7(b) 所示,通过（1）中的计算,可以将搜索区间缩小到 g_3 中的 1#~17#网格区域,并最终将识别结果定位到 g_3 中的 8#网格区域。这一过程对应位置细胞激活区域中实心椭圆部分;加大 g_3 的权值,调节抑制 C_{inh} 去除识别区间中其他激活区域,即可得到精确的识别结果。

3.3　仿生导航算法的实现与验证

为了验证算法的正确性和实用性,我们搭建了车载实验平台并在两个不同的场景下进行了车载实验。车载识别系统是一台 PointGrey 公司推出的 Bumblebee2 多视点视频立体相机,相机集成了两台数字相机。由于算法验证中只需要单目相机信息,实验中我们仅使用了左相机采集的图像信息。相机分辨率为 648×488 像素,帧频为 10fps。为了减小算法的计算量,保证算法的实时性,在实际计算中,采集的图像通过预处理后变为 64×32 像素[33]。另外,IMU 与 BD 接收机组成高精度的组合导航系统,为车载识别系统提供位置基准信息,以对识别结果进行评估(图 3.8)。

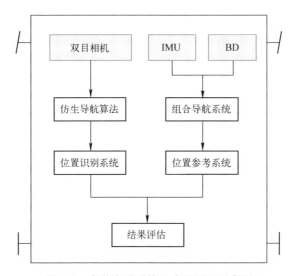

图 3.8　车载实验系统组成及原理示意图

3.3.1 仿生导航算法的性能指标

本节将从 3 个方面利用不同的性能指标对两种不同的仿生导航算法进行全面的评估。

（1）计算效率。统计两种算法的耗时以验证基于位置细胞模型的仿生导航算法的快速性。

（2）识别率。分别使用正确率 η_r、误报率 η_w 和漏报率 η_l 验证算法的正确性，定义为

$$\eta_r = \frac{N_{\text{right}}}{N_{\text{total}}} \times 100\% \qquad (3.10)$$

$$\eta_w = \frac{N_{\text{wrong}}}{N_{\text{total}}} \times 100\% \qquad (3.11)$$

$$\eta_l = \frac{N_{\text{lost}}}{N_{\text{total}}} \times 100\% \qquad (3.12)$$

式中：N_{right} 为正确识别图像的帧数；N_{wrong} 为错误识别图像的帧数；N_{lost} 为漏掉图像的帧数；N_{total} 为待识别图像的总帧数，$N_{\text{total}} = N_{\text{right}} + N_{\text{wrong}} + N_{\text{lost}}$。

在实验中，当识别图像所对应的位置与载体当前真实的位置之间的距离小于 40m 时，认为识别结果正确；当大于等于 40m 时，认为识别结果错误。

（3）定位精度。分别用误差均值（MEAN）、标准差（SD）和均方根误差（RMS）评估算法的识别精度。

 3.3.2 仿生导航算法的实验结果

分别利用两个不同场景下的车载实验结果评估算法的性能，下面将依次介绍。

1. 实验场景一

该实验场景为普通的城市道路，实验车顺时针绕一个近似梯形的区域两圈，其运行轨迹如图 3.9 所示。由于卫星数据的跳变，参考轨迹的左上角出现不连续的情况，这在后续精度评估中会详细说明。相机输出频率为 10Hz，组合导航系统的输出频率为 100Hz，全程 2702m，耗时约 7min。按照第 2 章介绍的拓扑图构建方法，总共采集图像 1931 帧，待匹配图像 838 帧。为方便起见，下文中将"基于网格细胞模型的仿生导航算法"简称为"网格细胞法"，将"基于位置细胞模型的仿生导航算法"简称为"位置细胞法"。实验中位置细胞法的识别结果为 3 种不同尺度网格细胞 g_1、g_2 和 g_3 综合后的定位结果，当 g_1 和 g_2 的识别

结果之间的距离小于30m时,认为识别结果正确,再以 g_1 的识别结果为中心的一定范围内通过 g_3 实现精确定位;当大于等于 30m 时,认为识别结果错误。实验中所涉及的参数及相关描述如表 3.1 所列。

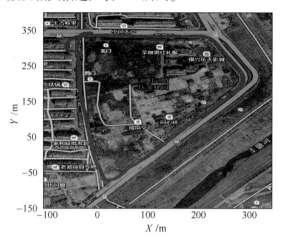

图 3.9　实验场景一的行驶轨迹

表 3.1　车载实验一参数列表

	参　　数	数　　值	描　　述
基本参数	σ	0	图像对比中水平移动像素范围
	R_x, R_y	64,32	图像预处理后的大小
	R_{window}	10 帧	图像处理中邻近区域的范围
	R_{recent}	200 帧	搜索中去掉最新图像的范围
	κ_{min}	0.8	搜索直线斜率的最小值
	κ_{max}	1.2	搜索直线斜率的最大值
	κ_{step}	0.1	搜索直线斜率的步长
网格细胞法	n_g	30 帧	采用的匹配序列长度
	Δ_g	1.4m	网格间距
位置细胞法	n_{g_1}	20 帧	g_1 采用的匹配序列长度
	n_{g_2}	40 帧	g_2 采用的匹配序列长度
	n_{g_3}	30 帧	g_3 采用的匹配序列长度
	Δ_{g_1}	$8 \cdot \Delta_{g_3}$	g_1 的网格间距
	Δ_{g_2}	$4 \cdot \Delta_{g_3}$	g_2 的网格间距
	Δ_{g_3}	1.4m	g_3 的网格间距
	R_{g_3}	160 帧	g_3 的搜索范围

两种算法的结果如图3.10所示。图中灰色的点表示第一圈存储的图片对应的真实位置;蓝色的点表示第二圈中漏识别的图片对应的真实位置;黑色的圈表示第二圈中正确识别的图片对应的真实位置;红色的叉表示第二圈中错误识别的图片对应的真实位置,识别的错误结果由红色的圈表示;绿色的直线将识别的两幅图片对应的位置关联在一起,不论识别得对错与否。

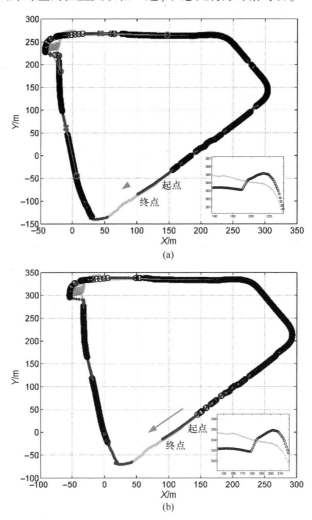

图 3.10　实验一中两种算法识别结果对比(见彩图)
(a) 网格细胞法识别结果;(b) 位置细胞法识别结果。

从图中可以看到,网格细胞法识别结果的正确率和漏报率都稍优于位置细胞法,但是网格细胞法中有误报率的情况发生。识别结果的错误会对最终的定位精度造成严重影响,是应当极力避免的。本章提出的位置细胞法没有出现误报率的情况。两幅图中右上角方框区域的放大部分在图片的右下角给出,可以看到,两种算法在正确识别的情况下都能取得较高的精度。

　　图 3.11 给出了一个网格细胞法错误识别的例子,可以看到,网格细胞法识别的结果与待识别图像非常相似,通过仔细观察发现是错误的识别结果。位置细胞法在这种情况下,仍然得到了正确的识别结果。

(a)　　　　　　　　　　　(b)　　　　　　　　　　　(c)

图 3.11　网格细胞法错误识别举例
(a) 待识别图像;(b) 网格细胞法识别结果;(c) 位置细胞法识别结果。

　　图 3.12 给出了两种算法的位置误差曲线。其中,用虚线框圈住的较大的位置误差是由北斗卫星信号发生跳变引起的,对应图 3.9 和图 3.10 中左上角轨迹的突变部分。从图中可以看到,两种算法的定位精度是相当的,主要原因是位置细胞方法中对最终定位精度起决定性作用的 g_3 的网格间距与网格细胞中 g 的网格间距相同,且使用的图像序列长度也相等。

　　两种算法评估指标的统计结果如表 3.2 所列。其中,精度评估结果为剔除卫星信号跳变部分之后的结果。可以看到,两种算法最终的定位精度相当,位

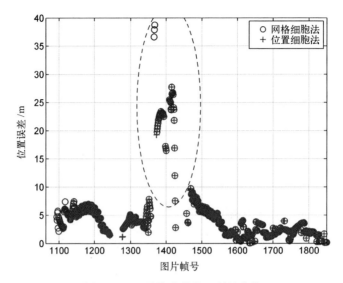

图 3.12 两种算法的位置误差曲线

置细胞法的误报率为 0,而网格细胞法在整个实验过程中,共计发生 5 次错误识别的现象。

表 3.2 车载实验一两种算法结果对比

	识别率评估/%			精度评估/m		
	正确率 η_r	误报率 η_w	漏报率 η_l	MEAN	SD	RMS
网格细胞法	72.9	0.6	26.5	3.58	2.00	4.10
位置细胞法	67.4	0	32.6	3.50	2.03	4.04

两种算法在同一台工作计算机上运算完成,计算机使用的是 2.93GHz 的 Intel Core 处理器。网格细胞法和位置细胞法的总体耗时分别为 1086.5s 和 657.2s。计算时间随搜索图片数量的变化曲线如图 3.13 所示。由图可知,两种算法的运算时间随着待搜索图片数量的增加呈近似线性增长的趋势。其中,位置细胞法搜索时间的增长率明显低于网格细胞法。

2. 实验场景二

相比场景一,场景二为一个稍小一点的环形道路。同样,实验车顺时针绕道路两圈,运行轨迹如图 3.14 所示,全程 875m,耗时约 3min。总共采集图像 1094 帧,待匹配图像 569 帧。实验中所使用的参数如表 3.3 所列。构建的最小尺度网格细胞的网格间距为 0.8m,相比实验一中的 1.4m,采集的图像要更加密集。

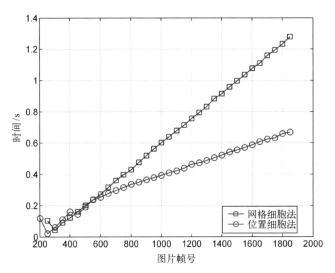

图 3.13 两种算法计算时间对比

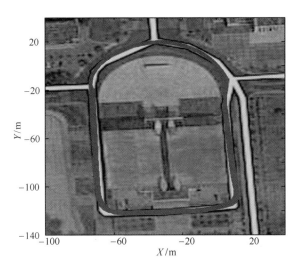

图 3.14 实验场景二的行驶轨迹

表 3.3 车载实验二参数列表

	参　数	数　值	描　　述
基本参数	σ	0	图像对比中水平移动像素范围
	R_x, R_y	64,32	图像预处理后的大小
	R_{window}	10 帧	图像处理中邻近区域的范围
	R_{recent}	150 帧	搜索中去掉最新图像的范围

(续)

	参　数	数　值	描　述
基本参数	κ_{min}	0.8	搜索直线斜率的最小值
	κ_{max}	1.2	搜索直线斜率的最大值
	κ_{step}	0.1	搜索直线斜率的步长
网格细胞法	n_g	30 帧	采用的匹配序列长度
	Δ_g	0.8m	网格间距
位置细胞法	n_{g_1}	10 帧	g_1 采用的匹配序列长度
	n_{g_2}	20 帧	g_2 采用的匹配序列长度
	n_{g_3}	30 帧	g_3 采用的匹配序列长度
	Δ_{g_1}	$8 \cdot \Delta_{g_3}$	g_1 的网格间距
	Δ_{g_2}	$4 \cdot \Delta_{g_3}$	g_2 的网格间距
	Δ_{g_3}	0.8m	g_3 的网格间距
	R_{g_3}	100 帧	g_3 的搜索范围

两种算法的结果如图 3.15 所示,图中相关符号的定义与实验一一致。从图中可以看到,网格细胞法识别结果的正确率和漏报率都稍优于位置细胞法,但是网格细胞法中仍有误报率的情况发生。两幅图中左边方框区域的放大部分在图片的中间区域给出,两种算法在正确识别的情况都能取得较高的定位精度。

图 3.16 给出了网格细胞法识别错误的例子。网格细胞法识别的结果与待识别图像非常相似,通过观察发现是错误的识别结果。此时,位置细胞法中 g_1 和 g_2 识别结果之间的距离大于 30m,认为无法识别,成功避免了错误识别现象的发生。

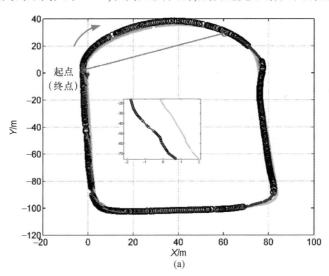

(a)

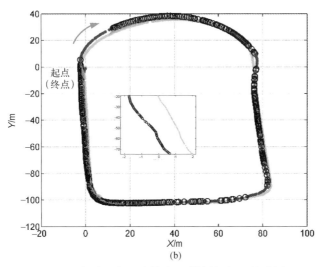

(b)

图 3.15 实验二中两种算法识别结果对比(见彩图)

(a) 网格细胞法识别结果;(b) 位置细胞法识别结果。

(a)   (b)

图 3.16 网格细胞法错误识别举例

(a) 待识别图像;(b) 网格细胞法识别结果。

图 3.17 给出了位置误差曲线。由图可知,两种算法的定位精度是相当的,主要原因是位置细胞方法中对最终定位精度起决定性作用的 g_3 的网格间距与网格细胞中 g 的网格间距相同,且使用的图像序列长度也相等。

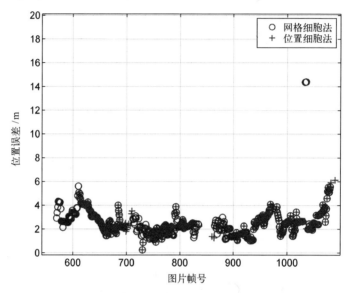

图 3.17　两种算法的位置误差曲线

两种算法评估指标的统计结果如表 3.4 所列。两种算法最终的定位精度相当,位置细胞法的误报率为 0,而网格细胞法在整个实验过程中,共计发生 1 次错误识别现象。

表 3.4　车载实验二两种算法结果对比

	识别率评估/%			精度评估/m		
	正确率 η_r	误报率 η_w	漏报率 η_l	MEAN	SD	RMS
网格细胞法	78.6	0.18	21.3	2.54	1.32	2.86
位置细胞法	62.0	0	38.0	2.49	0.93	2.66

网格细胞法和位置细胞法的总体耗时分别为 346.9s 和 138.6s。计算时间随搜索图片数量的变化曲线如图 3.18 所示。由图可知,两种算法的运算时间随着待搜索图片数量的增加呈近似线性增长的趋势。其中,位置细胞法的计算效率明显优于网格细胞法。

也就是说,在相同的定位精度情况下,位置细胞法计算速度明显优于网格细胞法,而且这种优势将随着载体运行距离和时间的增长变得更加明显。

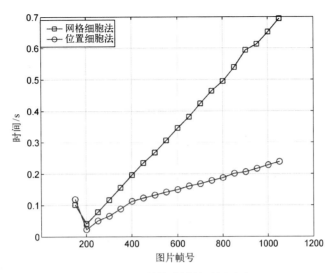

图 3.18　两种算法计算时间对比

3.4　本 章 小 结

　　本章在对位置细胞的特性及模型进行详细分析和介绍的基础上,结合基于网格细胞模型的仿生导航算法,提出了一种基于位置细胞模型的仿生导航算法,并通过车载实验进行了验证,得到的主要结论如下。

　　(1)基于位置细胞模型的仿生导航算法的定位精度与最小尺度的网格细胞网格区域的间距有关;网格区域的间距越小,最终能够取得的定位精度也会越高。

　　(2)基于位置细胞模型的仿生导航算法利用不同尺度的网格细胞综合定位结果得到最终定位结果,保证了最终定位结果的正确性和可靠性;相比基于网格细胞模型的仿生导航算法,基于位置细胞模型的仿生导航算法能够更好地避免错误识别现象的发生,而这在导航定位中是至关重要的。

　　(3)基于位置细胞模型的仿生导航算法首先利用具有较大网格间距的网格细胞快速得到初步的识别结果,然后,再利用小间距的网格细胞得到精确的识别结果。因而,在获得同等精度定位结果的条件下,位置细胞法的计算速度明显优于网格细胞法,而这种优势随着载体运行轨迹的增长将会愈发显著。

第4章 大气散射模型与偏振光测量原理

迄今为止,已有大量的关于仿生偏振光传感器探测天空偏振样式的研究论文发表[49,50,63,201]。以地面载体定向为例,根据一阶 Rayleigh 散射模型,固连在载体上的偏振光传感器探测得到的天空偏振光 *E* 矢量垂直于散射面,即由天空观测点、传感器的位置和太阳的位置三者构成的平面[57,202]。这时,我们可以得到载体相对于太阳的方位,结合太阳的方位信息,即可确定载体的航向。然而,根据太阳的高度角和天空云层的覆盖情况,天空偏振样式与理论的一阶 Rayleigh 散射模型之间或多或少存在差异[58,59,202,203]。这个误差将会严重影响最终偏振光的定向精度。因而,在利用偏振光定向之前有必要对天空偏振样式进行全面的研究和评估。

由于大气情况复杂多变,天空偏振样式的研究并非一件简单的事情。已有大量理论和实验研究聚焦在这一课题上[204-206]。研究发现,对于晴朗天空的偏振样式,除了靠近太阳、背离太阳和中性点附近外,大部分测量值都与理论计算结果基本保持一致[58,202]。然而,对于多云天空,偏振度的测量值相比晴朗天空,因为云的存在其幅值大幅降低;同时,当有云存在时,偏振角的测量值与理论结果也存在较大的差异[57,58,202]。在这种情况下,偏振度的测量值与 Rayleigh 散射结果相差甚大,与偏振角相比,其作为方向提示信息不可信[58,60,207];此时,偏振光 *E* 矢量的振动方向要么平行于散射平面、要么与晴朗天空一致、要么无法确定[57]。此外,当太阳被云层覆盖时,偏振角和偏振度的测量数值与晴朗天空相比都出现较大的差异[57,202]。因此,天空偏振光 *E* 矢量的振动方向并非始终垂直于散射平面,这对利用偏振光定向来说,将是一件非常棘手的难题。这使得我们非常有必要对天空偏振样式与一阶 Rayleigh 散射的理论数值进行全面的量化评估。然而,从目前发表的文献来看,对这些差异的量化分析是少有的,尤其在利用偏振光进行定向方面的研究。

本章首先介绍了大气散射的基本概念,重点分析了利用大气 Rayleigh 散射模型和 Mie 散射模型进行定向的可行性。然后,分析和评估了大气散射模型的精确程度,为后续利用偏振光定向提供了实验依据。最后,研究了大气偏振光的测量原理,为后续章节偏振光传感器的设计与实现打下了理论基础。

4.1 大气散射基本理论

 4.1.1 大气散射基本概念

当电磁波在传播过程中遇到一个粒子,该粒子从入射的电磁波中吸取能量,并再放射到以粒子为中心的全部立体角中的过程,称为**散射**[208]。这个粒子是散射能量的一个点源,要产生散射,粒子的折射率必须与周围介质有所不同,也就是说,该粒子是光学不连续或者非均一性的[208]。从微观意义上来说,没有物质是真正均一的,所以只要电磁波在介质中传播,就一定会产生散射。因此,大气对太阳光的散射是非常基本的光学现象(图 4.1)。

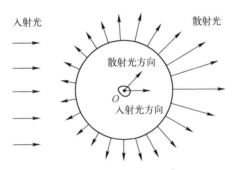

图 4.1　大气散射示意图

可见光是电磁波中的一个部分,电磁波是振动方向和传播方向垂直的横波,电振动矢量与磁振动矢量相伴而行,一般用电矢量(**E** 矢量)表示光波。单一频率的光称为单色光,单色光的电振动矢量可以分解为互相垂直的两个分量,取出其中的一个分量是可能的,这就叫**偏振**,一般将具有偏振的光称为**偏振光**。太阳光经过大气散射后将会呈现出不同程度的偏振。

由波动理论求解粒子的光散射问题一般要针对电磁场的一对正交分量,同时对散射场的全部信息的分析也需要知道各个分量的情况。由入射光方向和散射光方向构成的平面称为散射面,入射光方向与散射光方向之间的夹角即为**散射角**。图 4.2 中三角形平面即为**散射面**,θ 为散射角,其中入射光沿 Z 轴方向。入射光的电矢量可以分解为平行和垂直于散射面的分量 $e_{\parallel}^{i}$ 和 $e_{\perp}^{i}$,同样,散射光的电矢量也可以分解为平行和垂直于散射平面的分量 $e_{\parallel}^{s}$ 和 $e_{\perp}^{s}$。

散射过程改变了光的偏振态,可以用偏振度定量地描述散射光的偏振态,偏振度 d 定义为

$$d(\theta) = \frac{|I_{\parallel}(\theta) - I_{\perp}(\theta)|}{I_{\parallel}(\theta) + I_{\perp}(\theta)}, \quad 0 \leqslant d \leqslant 1 \tag{4.1}$$

式中:$d=1$ 表示散射光为完全偏振光;$0<d<1$ 表示散射光为部分偏振光;$d=0$ 表示散射光为非偏振光,也就是自然光;$I_{\parallel}(\theta)$ 和 $I_{\perp}(\theta)$ 分别为散射光平行和垂直分量所对应的光强。

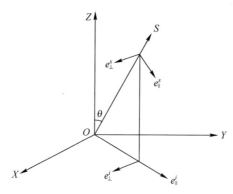

图 4.2　散射矢量示意图

▶ 4.1.2　大气散射模型

大气中能产生散射的粒子及尺度如表 4.1 所列。

表 4.1　大气中的散射质点

类　　型	半径/μm	浓度/cm⁻³
空气分子	10^{-4}	10^{19}
霾粒子	$10^{-2} \sim 1$	$10^3 \sim 10$
雾滴	$1 \sim 10$	$100 \sim 10$
云滴	$1 \sim 10$	$300 \sim 10$
雨滴	$10^2 \sim 10^4$	$10^{-2} \sim 10^{-5}$

由表 4.1 可知,大气中可以产生散射的粒子的尺度分布范围很广,涉及几个数量级,这意味着散射本身也可能有很大的不同之处。如图 4.3 所示,当粒子的尺度远小于光波的波长时,称为 Rayleigh 散射(图 4.3(a)),一个明显的特点就是此种类型的散射向前、向后的散射强度是对称的;当粒子的尺度大于光波波长的 1/10 时,将会表现出如图 4.3(b)、(c)所示较复杂的散射,此时,Rayleigh 散射理论不再适用,需要用后来发展的 Mie 散射理论解释。

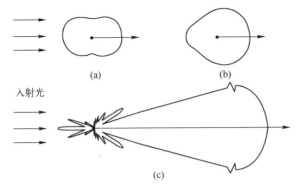

图 4.3　3 种不同尺度的粒子散射强度的角分布示意图

4.1.2.1　大气 Rayleigh 散射

按照 4.1.1 节中的介绍,太阳发出的自然光可以分解为两个互相垂直且互不相干的线偏振分量,其光强为总光强的 1/2。当太阳的自然光入射到大气分子上时,将发生 Rayleigh 散射,Rayleigh 散射的示意图如图 4.4 所示。

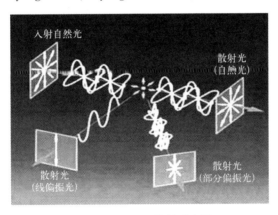

图 4.4　Rayleigh 散射示意图

Rayleigh 散射光强按照散射角 θ 的空间分布符合以下规律,即

$$I(\theta) = \frac{8\pi^4\rho^6}{r^2\lambda^4}\left(\frac{m^2-1}{m^2+2}\right)^2 I_0(1+\cos^2\theta) \tag{4.2}$$

散射光中平行和垂直于散射面的光强分别为

$$I_{\parallel} = \frac{8\pi^4\rho^6}{r^2\lambda^4}\left(\frac{m^2-1}{m^2+2}\right)^2 I_0\cos^2\theta \tag{4.3}$$

$$I_{\perp} = \frac{8\pi^4\rho^6}{r^2\lambda^4}\left(\frac{m^2-1}{m^2+2}\right)^2 I_0 \tag{4.4}$$

式中:ρ 为散射体的半径;λ 为入射光的波长;r 为散射体到测量点的距离;m 为散射体相对于周围介质的折射率;I_0 为入射自然光的光强。

根据式(4.3)和式(4.4)可知,散射光垂直分量的强度始终大于或者等于平行分量的强度,也就是说,当入射光为自然光时,经过 Rayleigh 散射后得到的偏振光的振动方向一定是垂直于散射面的。

根据偏振度的计算公式(4.1),可以计算自然光经过 Rayleigh 散射后偏振光的偏振度为

$$d(\theta) = \frac{|I_\parallel(\theta) - I_\perp(\theta)|}{I_\parallel(\theta) + I_\perp(\theta)} = \frac{\sin^2\theta}{1 + \cos^2\theta} \tag{4.5}$$

由式(4.5)可知,自然光经过 Rayleigh 散射后,一般情况下为部分偏振光,但是有两种特殊的情况:在与入射光垂直($\theta = 90°$)的方向,偏振度 $d = 1$,散射光为线偏振光;在 $\theta = 0°$ 和 $\theta = 180°$ 的方向上,$d = 0$,散射光仍为自然光。

从上述结果分析可以得到 Rayleigh 散射的基本特征如下。

(1)Rayleigh 散射的前向散射和后向散射具有对称性。

(2)散射光的强度与入射光波长的 4 次方成反比。

(3)散射光的强度与散射体半径的 6 次方呈正比。

(4)入射为自然光时,散射光一般为部分偏振光,且偏振光的振动方向始终垂直于散射面。

为了形象地描述太阳光经过 Rayleish 散射后得到的天空偏振光的空间分布样式,可以构建一个地面天球坐标系(图4.5),球心为观测者的位置,水平方向的大圆为观测者所在地平面无限延伸与天球相交而成地平圈,观测者的正上方与天球的交点为天顶,通过天顶和太阳的大圆为太阳子午线所在的平面,天球上围绕太阳的虚线圆圈即为天空偏振光的分布样式,其中虚线圆圈的切线方向为对应观测点处偏振光最大 **E** 矢量的振动方向、虚线的宽度对应该点偏振光的偏振度。容易得到,同一虚线圆圈上的点所对应的散射角是相同的,因而,计算得到的偏振度也是完全相同的;随着散射角从 0° 到 90° 变化,偏振度由小到大变化。同时,整个天空偏振光的分布样式是关于太阳子午线所在的平面镜像对称的。

正是由于天空偏振光的 Rayleigh 分布样式所具有的特殊规律,尤其是偏振光最大 **E** 矢量的振动方向始终垂直于散射平面这一固定的空间几何关系,使通过探测天空偏振光最大 **E** 矢量的振动方向确定载体的航向成为可能。

同时,太阳入射光与经过 Rayleigh 散射后的散射光之间固定的空间几何关系,可以通过球面三角函数求解,如图 4.6 所示。

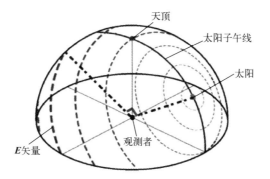

图 4.5　天空偏振光的 Rayleigh 分布样式

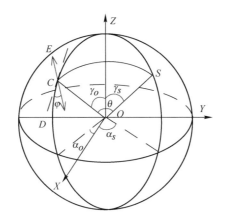

图 4.6　天球坐标系中 Rayleigh 散射模型描述

在天球坐标系中,太阳和天空观测点的位置矢量可以分别表示为

$$\overrightarrow{OS} = \begin{bmatrix} \sin\gamma_S\cos\alpha_S & \sin\gamma_S\sin\alpha_S & \cos\gamma_S \end{bmatrix}^{\mathrm{T}} \tag{4.6}$$

$$\overrightarrow{OC} = \begin{bmatrix} \sin\gamma_o\cos\alpha_o & \sin\gamma_o\sin\alpha_o & \cos\gamma_o \end{bmatrix}^{\mathrm{T}} \tag{4.7}$$

式中:(γ_S,α_S) 和 (γ_o,α_o) 分别为太阳和天空观测点的天顶距和方位角;$\angle COS$ 为散射角 θ,即

$$\cos\theta = \overrightarrow{OS} \cdot \overrightarrow{OC} = \sin\gamma_S\sin\gamma_o\cos(\alpha_o - \alpha_S) + \cos\gamma_S\cos\gamma_o \tag{4.8}$$

结合式(4.5)即可求得观测点处偏振光的偏振度 $d(\theta)$。

根据 Rayleigh 散射理论,观测点 C 处的偏振光最大 **E** 矢量的振动方向 $\overrightarrow{CE}$ 与散射面垂直,即

$$\overrightarrow{CE} = \overrightarrow{OS} \times \overrightarrow{OC} = \begin{bmatrix} \sin\alpha_S\sin\gamma_S\cos\gamma_o - \sin\alpha_o\cos\gamma_S\sin\gamma_o \\ \cos\alpha_o\cos\gamma_S\sin\gamma_o - \cos\alpha_S\sin\gamma_S\cos\gamma_o \\ \sin(\alpha_o - \alpha_S)\sin\gamma_S\sin\gamma_o \end{bmatrix} \tag{4.9}$$

天空观测点 C 处子午线的切线方向 $\overrightarrow{CD}$ 可由矩阵的旋转变换得到

$$\overrightarrow{CD} = \begin{bmatrix} \cos\alpha_o & -\sin\alpha_o & 0 \\ \sin\alpha_o & \cos\alpha_o & 0 \\ 0 & 0 & 1 \end{bmatrix} \begin{bmatrix} \cos\gamma_o & 0 & \sin\gamma_o \\ 0 & 1 & 0 \\ -\sin\gamma_o & 0 & \cos\gamma_o \end{bmatrix} \begin{bmatrix} 1 \\ 0 \\ 0 \end{bmatrix} = \begin{bmatrix} \cos\alpha_o\cos\gamma_o \\ \sin\alpha_o\cos\gamma_o \\ -\sin\gamma_o \end{bmatrix} \quad (4.10)$$

假设天空观测点处偏振光最大 $\boldsymbol{E}$ 矢量振动方向与该点处子午线切线方向之间的夹角为 φ，由图可知，φ 为 $\overrightarrow{CE}$ 与 $\overrightarrow{CD}$ 之间的夹角，则有

$$\cos\varphi = \frac{\overrightarrow{CE} \cdot \overrightarrow{CD}}{|\overrightarrow{CE}| \cdot |\overrightarrow{CD}|} \quad (4.11)$$

其中

$$\overrightarrow{CE} \cdot \overrightarrow{CD} = -\sin\gamma_S \sin(\alpha_o - \alpha_S) \quad (4.12)$$

$$|\overrightarrow{CE}| \cdot |\overrightarrow{CD}|$$

$$= ((\cos\gamma_S\sin\gamma_o)^2 + (\sin\gamma_S\cos\gamma_o)^2 - 2\cos(\alpha_o-\alpha_S)\sin\gamma_S\cos\gamma_S\sin\gamma_o\cos\gamma_o + (\sin(\alpha_o-\alpha_S)\sin\gamma_S\sin\gamma_o)^2)^{\frac{1}{2}}$$

$$= (1-\cos^2\theta)^{\frac{1}{2}} = |\sin\theta| \quad (4.13)$$

将式(4.12)和式(4.13)代入式(4.11)可得

$$\cos\varphi = \frac{\overrightarrow{CE} \cdot \overrightarrow{CD}}{|\overrightarrow{CE}| \cdot |\overrightarrow{CD}|} = \frac{-\sin\gamma_S\sin(\alpha_o-\alpha_S)}{|\sin\theta|} \quad (4.14)$$

则

$$\varphi = \arccos\frac{\sin\gamma_S\sin(\alpha_o-\alpha_S)}{\sin\theta} \quad (4.15)$$

式中：φ 为偏振光最大 $\boldsymbol{E}$ 矢量的振动方向，存在 180° 的模糊度。

4.1.2.2 大气 Mie 散射

天空的色彩、亮度和偏振度与单纯由 Rayleigh 散射产生的色彩、亮度和偏振度是有差别的，即使在晴朗的天空，天空也并不总是十分蓝的，而且即使是蓝天，在接近地平线处也会显得灰白。这些光学现象都是由于空气中含有雾霾、小水滴、气溶胶粒子等对光的散射引起的。通常，将由直径大于光波波长 0.03 倍的粒子造成的散射称为 Mie 散射[208]。

Mie 散射的角度特性同样可以用两个强度分布函数 $I_\parallel(\theta)$ 和 $I_\perp(\theta)$ 表示，前者平行于散射平面，后者垂直于散射平面，即

$$I(\theta) = I_\parallel(\theta) + I_\perp(\theta) \quad (4.16)$$

其中

$$I_{\parallel}(\theta) = \frac{\lambda^2 I_0}{8\pi^2 r^2} i_1 \qquad (4.17)$$

$$I_{\perp}(\theta) = \frac{\lambda^2 I_0}{8\pi^2 r^2} i_2 \qquad (4.18)$$

式中:λ 为入射光的波长;r 为散射体到测量点的距离;I_0 为入射自然光的光强。$i_1(\theta)$ 和 $i_2(\theta)$ 与相对应的振幅函数 $|S_i(\theta)|$ 的平方成正比,即

$$i_1(\theta) = |S_1(\theta)|^2 = \left| \sum_{n=1}^{\infty} \frac{2n+1}{n(n+1)} (a_n \pi_n + b_n \tau_n) \right|^2 \qquad (4.19)$$

$$i_2(\theta) = |S_2(\theta)|^2 = \left| \sum_{n=1}^{\infty} \frac{2n+1}{n(n+1)} (a_n \tau_n + b_n \pi_n) \right|^2 \qquad (4.20)$$

式中:a_n、b_n 为 Mie 系数,其值由 Ricatti-Bessel 函数决定,是散射体相对于周围介质的折射率 m 和散射体半径 ρ 的函数,与角度 θ 无关;π_n 和 τ_n 为关于散射角 θ 的函数,包含以 $\cos\theta$ 为宗量的 n 阶 Legendre 多项式的一阶和二阶导数。

$i_1(\theta)$ 和 $i_2(\theta)$ 都是一个无穷级数之和。当 $\rho \ll 1$ 且 $m \approx 1$ 时,级数的第一项就是 Rayleigh 散射。Rayleigh 散射是 Mie 散射的一种特殊情况。

由上述介绍可知,Mie 散射光强的分布是非常复杂的,为了更加直观地了解 Mie 散射光强的分布规律,图 4.7 给出了 3 种相同相对折射率 $m = m_1/m_0$、不同尺度参数 $x = m_0 k\rho$ 的 Mie 散射光强度和偏振度的角度分布特征,其中 ρ 为粒子的半径,m_1、m_0 分别为粒子和周围介质的折射率,图中 i_1 和 i_2 分别对应平行和垂直散射平面的散射光强度分布函数。

由图 4.7 可知,当 $x = 3$ 和 10 时,强度函数的图形开始明显地偏离 Rayleigh 散射的特征,前向散射超过后向散射;在 Rayleigh 散射场合下,前向散射与后向散射是相等的。从图中也可以看到,i_1 和 i_2 的数值往往不相等,因此,散射光也是部分偏振光;同时,i_1 与 i_2 的曲线会出现上下穿插的现象,也就是说,散射光平行于散射平面的分量有时会大于垂直于散射平面的分量,而在 Rayleigh 散射场合下,垂直分量是始终不小于水平分量的。

Mie 散射相对 Rayleigh 散射,散射光光强随角度的分布变得十分复杂,前向散射和后向散射不再对称,最重要的是,散射光不再满足 Rayleigh 散射中垂直分量始终大于或者等于水平分量的规律,散射后的偏振光最大 **E** 矢量振动方向不一定与散射平面垂直。也就是说,太阳光经过 Mie 散射后得到偏振光的最大 **E** 矢量振动方向与太阳位置之间固定的几何关系不再存在,这无疑对利用天空偏振光进行定向增加了难度。所以,本文中利用偏振光进行定向均建立在大气 Rayleigh 散射理论的基础之上。

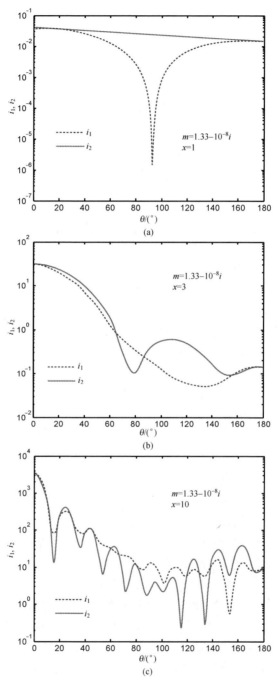

图 4.7　3 种不同尺度参数的粒子 Mie 散射光强度的角度分布特征

（a）尺度参数 $x=1$；（b）尺度参数 $x=3$；（c）尺度参数 $x=10$。

▶ 4.1.3　大气散射模型误差分析

晴朗天空偏振样式和一阶 Rayleigh 散射模型的计算结果除去中性点以及靠近和背离太阳的区域[58,202]是基本一致的。然而，多云天空的偏振样式与理论计算模型有着明显的区别，其中偏振度会因为云层的遮挡迅速降低，偏振角与理论模型相比也会发生较大的变化。此时，偏振光最大 **E** 矢量的振动方向有可能垂直或者平行于散射平面，甚至无法定义[57,58,202]，而这对于利用偏振光辅助定向来说，是一个致命的缺陷。因此，对天空偏振角的样式进行量化评估是利用偏振光辅助定向的前提。

为了评估晴朗和多云两种天气情况下天空偏振样式与理论计算结果的符合程度，研究小组在长沙市的一个开阔的户外环境进行了大气偏振样式测量实验。晴朗天空的偏振样式是在 2014 年 7 月 8 日 19:13 采集的数据，部分多云天空的偏振样式是在 2014 年 7 月 10 日 18:50 和 19:10 采集的 2 组数据。3 组数据对应的太阳高度角分别为 2.27°、6.87° 和 2.81°，太阳的位置信息可以通过 Roberto Grena 的算法[209]精确计算得到。为方便起见，将这 3 组数据分别简称为 "Clear Sky" "Cloudy Sky I" 和 "Cloudy Sky II"。利用成像式偏振仪器测试了蓝光(波长 470nm±30nm)波段的全天空偏振样式，并以高分辨率彩色图像的形式对天空偏振角和偏振度的样式进行了评估，每幅图像包含像素点 1286729 个。同时，利用一阶 Rayleigh 散射模型可以分别计算与上述 3 组数据相同太阳位置的天空偏振样式。其中，与 Clear sky 对应的理论偏振样式如图 4.8 所示。

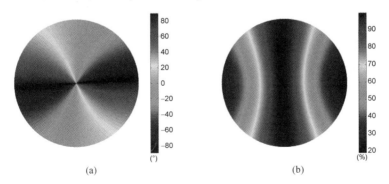

(a)　　　　　　　　　　　　　(b)

图 4.8　晴朗天空的理论偏振样式(见彩图)
(a) 偏振角的理论样式；(b) 偏振度的理论样式。

利用测量得到的偏振角样式 ϕ_{meas} 和计算得到的理论偏振角样式 ϕ_{Rayleigh}，可以计算得到每个测量点与理论值之间的差异 $\Delta\phi = |\phi_{\text{meas}} - \phi_{\text{Rayleigh}}|$。3 种天气情况下的偏振角误差如图 4.9(iv)所示。

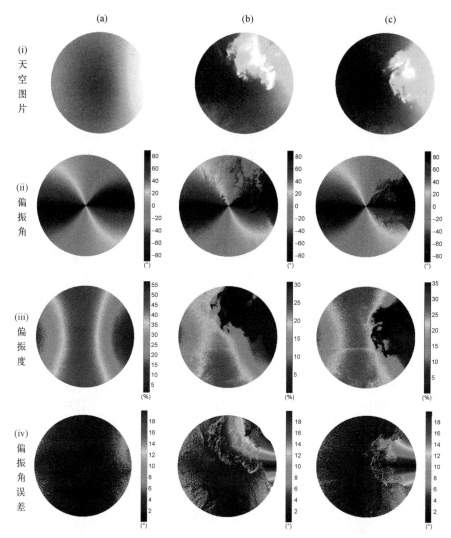

图 4.9　3 种天空情况下测量得到的偏振角、偏振度以及偏振角误差（见彩图）
(a) Clear Sky；(b) Cloudy Sky Ⅰ；(c) Cloudy Sky Ⅱ。

从偏振角的测量结果（图 4.9(ⅱ)）和理论结果（图 4.8(a)）对比可以发现，除去靠近太阳、背离太阳以及云层下的区域，一阶 Rayleigh 散射模型总体能很好地描述天空偏振样式。尤其晴朗天空下的偏振角样式几乎与理论模型计算结果完全一致。

云层下方区域测量得到的偏振度相比晴朗天空的对应区域数值上要小很多，云层使偏振度的分布样式产生了较大的改变，使偏振度数值下降很多

（图 4.9b（ⅲ）和图 4.9c（ⅲ））；此外，偏振角的样式在有云存在的区域，也发生了改变。

　　3 种天空情况下，偏振角误差的累积百分比如图 4.10 所示。在 Clear Sky 中，偏振角误差小于 4°的部分占全天空的 84%，偏振角误差小于 2°的部分占全天空的 60%；在 Cloudy Sky I 中，偏振角误差小于 4°的部分占全天空的 49%，偏振角误差小于 2°的部分占全天空的 27%；在 Cloudy Sky II 中，偏振角误差小于 4°的部分占全天空的 64%，偏振角误差小于 2°的部分占全天空的 38%。统计结果表明，即使在天空有云的情况下，天空偏振角样式符合一阶 Rayleigh 散射模型计算结果的比例仍然较大。也就是说，即使在多云的天气，我们也依然能够利用天空偏振光辅助定向。

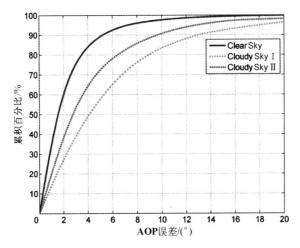

图 4.10　3 种天空情况下偏振角误差的累积百分比

　　然而，不可否认的是，仍然有一部分的测量数据是不符合 Rayleigh 散射模型的，如偏振角误差超过 4°的测量点。如果使用这些不符合 Rayleigh 散射模型的点辅助定向，将会严重影响最终航向角的精度。对比发现，偏振角误差较大的区域一般出现在靠近太阳、背离太阳、中性点和云层下方，这些位置具有一个共通点——偏振度很低。生物学研究结果也证实，蟋蟀能够感知偏振度在 7% 左右水平的偏振光刺激[42]，但是当偏振度低于 5% 时，蟋蟀也将无法感知外界偏振光的变化[202]。

　　图 4.11 给出了偏振角误差在不同的偏振度区间的分布。偏振角误差 $\Delta\phi \leqslant 4°$ 在每个偏振度区间中所占的比例标注在柱状图的顶部。通过图 4.11，可以得到以下结论。

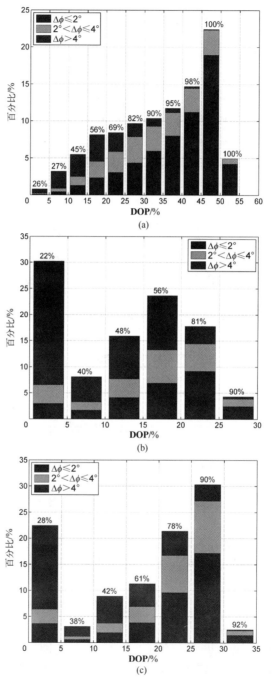

图 4.11 3 种天空情况下偏振角误差的累积百分比(见彩图)

(a) Clear Sky;(b) Cloudy Sky Ⅰ;(c) Cloudy Sky Ⅱ。

（1）天空偏振角误差 $\Delta\phi \leqslant 4°$ 和 $\Delta\phi \leqslant 2°$ 在偏振度较高的区间所占的比例要明显高于偏振度较低的区间。

（2）在不同的偏振度区间，偏振度越高，偏振角样式符合 Rayleigh 散射模型（$\Delta\phi \leqslant 4°$）的比例也会越高。

因此，相比低偏振度的天空区域，偏振度高的天空区域探测得到高精度偏振角的概率更高。

同时，由图 4.12 可知，3 种天气情况下，偏振角误差都会随着偏振度的增加而明显减小。在 Clear Sky 中，偏振角的平均误差在偏振度大于 40% 时，可减小到 1.5°，同时累积百分比达到 42%；偏振角的平均误差在偏振度大于 48% 时，可以进一步减小到 1°，而此时的累积百分比也有 20% 之多，也就是说，仍有 1/5 的天空可以用偏振角实现精确定向。在 Cloudy Sky I 中，偏振角的平均误差在偏振度大于 21% 时可以减小到 2.4°；在 Cloudy Sky II 中，偏振角的平均误差在偏振度大于 26% 时可以减小到 2°。以上结果也进一步表明，即使在多云天，也可以选择偏振度较高的天空偏振光辅助定向。

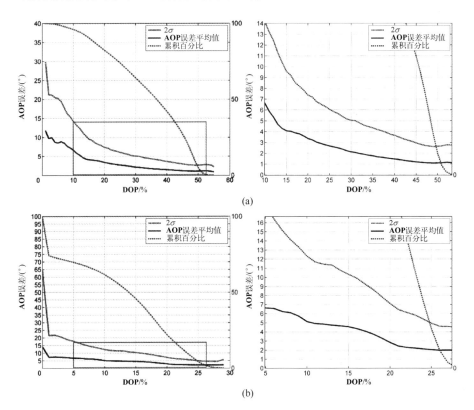

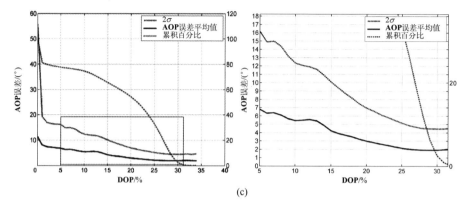

(c)

图 4.12　3 种天空情况下偏振角误差与偏振度的关系

（第 2 列为第 1 列图中方框部分的局部放大）

（a）Clear Sky；（b）Cloudy Sky Ⅰ；（c）Cloudy Sky Ⅱ。

4.2　大气偏振光测量原理

 ### 4.2.1　偏振光 Stokes 矢量描述

偏振光的描述方法很多,有电矢量法、Jones 矢量法、Stokes 矢量法、Poincare sphere 法等,其中以 Stokes 矢量法最为著名[210-212]。Stokes 矢量法是由 George Gabriel Stokes 在 1852 年研究偏振光时提出的,该方法仅通过 4 个可测量的量即可完全地描述光的偏振态,这 4 个量就是后面广为人知的 Stokes 偏振参数。如果将这四个量写成列矢量的形式,就是所谓的 Stokes 矢量,其中第一个参数用来描述入射光的总光强,剩下的 3 个参数用来描述光的偏振态。

偏振光可以分为线偏振光、圆偏振光和椭圆偏振光,其中线偏振光是指光波在与传播方向垂直的平面内的投影为一条直线的偏振光,其振幅及方向始终保持不变;圆偏振光指光波在与传播方向垂直的平面上的投影是一个圆的偏振光,其振幅保持不变,但振动的方向随时间而旋转;椭圆偏振光是指光波在与传播方向垂直的平面上的投影是一个椭圆的偏振光,其振幅和振动的方向随时间均会发生变化。显然,线偏振光和圆偏振光是椭圆偏振光的特例。下文将以椭圆偏振光为例,简要介绍 Stokes 矢量的数学推导及对偏振光的数学描述。

对于空间中传播的单色、椭圆偏振光,可以看作是由两个频率相同、振动方向相互垂直且沿同一方向传播的线偏振光合成得到的,即

$$E_x(t) = E_{0x} \cos[\omega t + \delta_x] \tag{4.21}$$

$$E_y(t) = E_{0y} \cos[\omega t + \delta_y] \tag{4.22}$$

式中: ω 为两个线偏振光相同的角频率; δ_x、δ_y 分别为两个线偏振光的初始相位; E_{0x}、E_{0y} 为两个线偏振光恒定的振幅。消去式 (4.21) 和式 (4.22) 中的因子 ωt, 可以得到一个椭圆方程为

$$\frac{E_x^2(t)}{E_{0x}^2} + \frac{E_y^2(t)}{E_{0y}^2} - \frac{2E_x(t)E_y(t)}{E_{0x}E_{0y}} \cos\delta = \sin^2\delta \tag{4.23}$$

式中: $\delta = \delta_y - \delta_x$。因为 $E_x(t)$ 和 $E_y(t)$ 是随时间发生变化的, 不方便测量。为了将 $E_x(t)$、$E_y(t)$ 转化成方便测量的强度信息, 可以分别将 $E_x(t)$、$E_y(t)$ 在一个时间区间内求取平均值, 用符号 $\langle \cdots \rangle$ 表示, 则式 (4.23) 可重写为

$$\frac{\langle E_x^2(t) \rangle}{E_{0x}^2} + \frac{\langle E_y^2(t) \rangle}{E_{0y}^2} - \frac{2\langle E_x(t)E_y(t) \rangle}{E_{0x}E_{0y}} \cos\delta = \sin^2\delta \tag{4.24}$$

其中

$$\langle E_i(t)E_j(t) \rangle = \lim_{T\to\infty} \frac{1}{T} \int_0^T E_i(t)E_j(t)\,\mathrm{d}t, \quad i,j = x,y$$

根据 $E_x(t)$、$E_y(t)$ 的周期性, 可以方便得到

$$\langle E_x^2(t) \rangle = \frac{1}{2} E_{0x}^2 \tag{4.25}$$

$$\langle E_y^2(t) \rangle = \frac{1}{2} E_{0y}^2 \tag{4.26}$$

$$\langle E_x(t)E_y(t) \rangle = \frac{1}{2} E_{0x}E_{0y}\cos\delta \tag{4.27}$$

将式 (4.25)、式 (4.26) 和式 (4.27) 代入式 (4.24), 并整理可得

$$(E_{0x}^2 + E_{0y}^2)^2 = (E_{0x}^2 - E_{0y}^2)^2 + (2E_{0x}E_{0y}\cos\delta)^2 + (2E_{0x}E_{0y}\sin\delta)^2 \tag{4.28}$$

可将式 (4.28) 简写为

$$S_0^2 = S_1^2 + S_2^2 + S_3^2 \tag{4.29}$$

其中

$$S_0 = E_{0x}^2 + E_{0y}^2 \tag{4.30}$$

$$S_1 = E_{0x}^2 - E_{0y}^2 \tag{4.31}$$

$$S_2 = 2E_{0x}E_{0y}\cos\delta \tag{4.32}$$

$$S_3 = 2E_{0x}E_{0y}\sin\delta \tag{4.33}$$

这 4 个参数即为 Stokes 偏振参数, 利用 Schwarz 不等式可知, 对于任何状态的偏振光, Stokes 参数都满足

$$S_0^2 \geqslant S_1^2 + S_2^2 + S_3^2 \tag{4.34}$$

其中,等号取在完全偏振光,不等号取在部分偏振光或者非偏振光。如果将上述 4 个参数写成列矢量的形式,就是通常所说的 Stokes 矢量,即

$$S = \begin{bmatrix} S_0 & S_1 & S_2 & S_3 \end{bmatrix}^T \tag{4.35}$$

从数学角度上讲,Stokes 矢量并非真实意义的矢量,只是写作成了矢量的形式而已。Stokes 参数都是简单的、可以测量得到的实数量,4 个参数都是强度量纲,其中 S_0 是总的光强,S_1 描述的是水平或者垂直方向的线偏振光分量,S_2 描述的是 45°或者-45°方向的线偏振光分量,S_3 描述的是光束中右旋或者左旋圆偏振光分量。

几种典型的偏振光可以由 Stokes 矢量表示成如下形式。

(1) 水平方向线偏振光,即

$$S = I_0 \cdot \begin{bmatrix} 1 & 1 & 0 & 0 \end{bmatrix}^T$$

也就是说,$E_{0y} = 0, I_0 = E_{0x}^2$ 为总光强。

(2) 垂直方向线偏振光,即

$$S = I_0 \cdot \begin{bmatrix} 1 & -1 & 0 & 0 \end{bmatrix}^T$$

也就是说,$E_{0x} = 0, I_0 = E_{0y}^2$ 为总光强。

(3) 45°方向线偏振光,即

$$S = I_0 \cdot \begin{bmatrix} 1 & 0 & 1 & 0 \end{bmatrix}^T$$

也就是说,$E_{0x} = E_{0y} = E_0, \delta = 0, I_0 = 2E_0^2$。

(4) -45°方向线偏振光,即

$$S = I_0 \cdot \begin{bmatrix} 1 & 0 & -1 & 0 \end{bmatrix}^T$$

也就是说,$E_{0x} = E_{0y} = E_0, \delta = 180°, I_0 = 2E_0^2$。

(5) 右旋圆偏振光,即

$$S = I_0 \cdot \begin{bmatrix} 1 & 0 & 0 & 1 \end{bmatrix}^T$$

也就是说,$E_{0x} = E_{0y} = E_0, \delta = 90°, I_0 = 2E_0^2$。

(6) 左旋圆偏振光,即

$$S = I_0 \cdot \begin{bmatrix} 1 & 0 & 0 & -1 \end{bmatrix}^T$$

也就是说,$E_{0x} = E_{0y} = E_0, \delta = -90°, I_0 = 2E_0^2$。

利用椭圆的几何特性,可以计算得到椭圆偏振光(图 4.13)的倾斜角 ϕ,即

$$\tan 2\phi = \frac{S_2}{S_1} = \frac{2E_{0x}E_{0y}\cos\delta}{E_{0x}^2 - E_{0y}^2} \tag{4.36}$$

同时,也可以用 Stokes 参数描述偏振光的偏振度 d,即

$$d = \frac{I_{pol}}{I_{tot}} = \frac{\sqrt{S_1^2 + S_2^2 + S_3^2}}{S_0}, \quad 0 \leq d \leq 1 \tag{4.37}$$

式中：I_{pol}为所有偏振光分量的总强度；I_{tot}为入射光束的总强度。

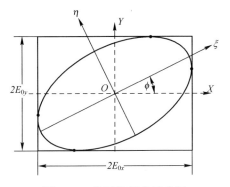

图 4.13　椭圆偏振光示意图

自然界中存在的偏振光大多是线偏振光，尤其我们关注的天空偏振光，主要是线偏振光，圆偏振光分量一般可以忽略，此时，$\delta=0°$或者 $180°$，则 Stokes 矢量可简化为

$$S=\begin{bmatrix} S_0 \\ S_1 \\ S_2 \\ S_3 \end{bmatrix}=\begin{bmatrix} E_{0x}^2+E_{0y}^2 \\ E_{0x}^2-E_{0y}^2 \\ \pm 2E_{0x}E_{0y} \\ 0 \end{bmatrix} \qquad (4.38)$$

一般称式（4.38）为线偏振光 Stokes 矢量。椭圆偏振光的倾斜角 ϕ 即转化为上文中所说的线偏振光的偏振角，即

$$\tan 2\phi=\frac{S_2}{S_1}=\frac{\pm 2E_{0x}E_{0y}}{E_{0x}^2-E_{0y}^2} \qquad (4.39)$$

此时，线偏振光偏振度的计算公式可重写为

$$d=\frac{\sqrt{S_1^2+S_2^2}}{S_0}, \quad 0\leqslant d\leqslant 1 \qquad (4.40)$$

4.2.2　偏振光 Stokes 强度方程

为了测量入射光的 Stokes 偏振参数（图 4.14），需要将入射光束穿过两个光学器件：相位延迟器和偏振片。仍然以椭圆偏振光为例，并将椭圆偏振光的两个正交分量写成指数的形式，则式（4.21）和式（4.22）可重写为

$$E_x(t)=E_{0x}\mathrm{e}^{\mathrm{i}\delta_x}\mathrm{e}^{\mathrm{i}\omega t} \qquad (4.41)$$

$$E_y(t)=E_{0y}\mathrm{e}^{\mathrm{i}\delta_y}\mathrm{e}^{\mathrm{i}\omega t} \qquad (4.42)$$

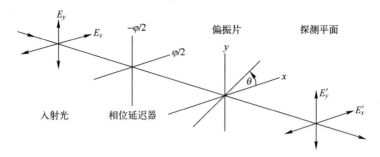

图 4.14　经典的 Stokes 偏振参数测量方法

首先让这束光通过一个相位延迟器,相位延迟器将会使光束的 x 轴分量的相位超前 $\varphi/2$、y 轴分量的相位延迟 $\varphi/2$,x、y 轴的分量可写为

$$E'_x = E_x \mathrm{e}^{\mathrm{i}\varphi/2} \tag{4.43}$$

$$E'_y = E_y \mathrm{e}^{-\mathrm{i}\varphi/2} \tag{4.44}$$

再让这束光通过一个安装角度为 θ 的偏振片,此时,E'_x 和 E'_y 只有在这个方向的分量才能通过,其他方向都将得到衰减。通过上述两个光学器件后的光束最终变为

$$\begin{aligned} E &= E'_x \cos\theta + E'_y \sin\theta \\ &= E_x \mathrm{e}^{\mathrm{i}\varphi/2} \cos\theta + E_y \mathrm{e}^{-\mathrm{i}\varphi/2} \sin\theta \end{aligned} \tag{4.45}$$

为了将最后的透射光束转化为可测量的光强信息,需要计算最终透射光束的光强,即

$$\begin{aligned} I(\theta,\varphi) &= E \cdot E^* \\ &= E_x E_x^* \cos^2\theta + E_y E_y^* \sin^2\theta + E_y E_x^* \mathrm{e}^{-\mathrm{i}\varphi}\sin\theta\cos\theta + E_x E_y^* \mathrm{e}^{-\mathrm{i}\varphi}\sin\theta\cos\theta \\ &= \frac{1}{2}\big[(E_x E_x^* + E_y E_y^*) + (E_x E_x^* - E_y E_y^*)\cos2\theta + (E_x E_y^* + E_y E_x^*)\cos\varphi\sin2\theta + \mathrm{i}(E_x E_y^* - E_y E_x^*)\sin\varphi\sin2\theta\big] \end{aligned} \tag{4.46}$$

由 4.2.1 节可知,Stokes 参数还能写成复数的形式,即

$$S_0 = E_x E_x^* + E_y E_y^* \tag{4.47}$$

$$S_1 = E_x E_x^* - E_y E_y^* \tag{4.48}$$

$$S_2 = E_x E_y^* + E_y E_x^* \tag{4.49}$$

$$S_3 = \mathrm{i}(E_x E_y^* - E_y E_x^*) \tag{4.50}$$

将式(4.47)、式(4.48)、式(4.49)和式(4.50)代入式(4.46)可得

$$I(\theta,\varphi) = \frac{1}{2}\big[S_0 + S_1\cos2\theta + S_2\cos\varphi\sin2\theta + S_3\sin\varphi\sin2\theta\big] \tag{4.51}$$

式(4.51)即为测量 Stokes 偏振参数的、著名的 Stokes 强度方程。

▶▶ 4.2.3　偏振光 Stokes 参数测量

由 4.2.1 节可知,天空偏振光主要是线偏振光,圆偏振光可以忽略不计,即 $S_3=0$;同时,由式(4.51)可知,前 3 个 Stokes 参数的测量不需要相位延迟器即 $\varphi=0°$。因此,针对我们关注的大气散射偏振光测量问题,Stokes 强度方程可简化为

$$I(\theta)=\frac{1}{2}\left[S_0+S_1\cos2\theta+S_2\sin2\theta\right] \tag{4.52}$$

3 个未知数只需要 3 个方程即可求解。因此,只需要测出入射光束经过 3 个不同安装角度的偏振片后的光强,即可求解该未知光束的 Stokes 参数。以 0°、45°和 90° 3 个方向的偏振片为例,即

$$I(0°)=\frac{1}{2}\left[S_0+S_1\right] \tag{4.53}$$

$$I(45°)=\frac{1}{2}\left[S_0+S_2\right] \tag{4.54}$$

$$I(90°)=\frac{1}{2}\left[S_0-S_1\right] \tag{4.55}$$

联立上述 3 个方程求解可得

$$S_0=I(0°)+I(90°) \tag{4.56}$$

$$S_1=I(0°)-I(90°) \tag{4.57}$$

$$S_2=2\cdot I(45°)-I(0°)-I(90°) \tag{4.58}$$

联合式(4.39)和式(4.40),入射光的偏振角 ϕ 与偏振度 d 可方便求得

$$\phi=\frac{1}{2}\arctan\frac{S_2}{S_1}=\frac{1}{2}\arctan\frac{2\cdot I(45°)-I(0°)-I(90°)}{I(0°)-I(90°)} \tag{4.59}$$

$$d=\frac{\sqrt{S_1^2+S_2^2}}{S_0}=\frac{\sqrt{(I(0°)-I(90°))^2+(2\cdot I(45°)-I(0°)-I(90°))^2}}{I(0°)+I(90°)},\quad 0\leqslant d\leqslant 1 \tag{4.60}$$

4.3　本 章 小 结

在开展偏振光定向相关技术研究之前,本章对大气散射模型与偏振光测量原理进行了深入分析和研究。

理论分析得到了太阳光经过天空粒子的 Mie 散射后不再满足 Rayleigh 散

射中散射光的垂直分量始终大于水平分量的规律,从而导致无法利用 Mie 散射理论进行偏振光辅助定向的事实。

量化评估了 3 种不同天空情况下天空偏振样式与一阶 Rayleigh 散射模型的差异。实验数据表明,相比低偏振度的天空区域,偏振度高的天空区域探测得到高精度偏振角的概率更高;即使在多云天也可以选择天空偏振度较高区域的偏振光辅助定向。

本章给出了偏振光的 Stokes 矢量描述方法,并推导得到著名的 Stokes 强度方程,同时,给出了一种经典的 Stokes 参数测量方法。本章内容为后续仿生偏振光传感器的设计提供了强有力的理论支撑和技术借鉴。

第5章　偏振光定向方法

本章介绍的偏振光定向方法,是利用仿生偏振光传感器确定载体的航向信息,主要目的是为载体远距离导航提供有效的航向约束。

偏振光传感器的标定问题是偏振光传感器研制过程中的一项重要内容。近年来,关于偏振光传感器的标定问题被相继提出[55,61,67,68,79,213]。在这些算法中,Chu[66-68]分析了传感器偏振角的输出误差[67,68],给出了一种基于最小二乘的标定算法,该方法用来拟合偏振角的输出误差,并通过最终的计算结果消除,但文中并未给出传感器误差标定参数的估计方法[66]。Xian[79]考虑偏振光传感器的标定问题是一个非线性最小二乘问题,并通过传统的迭代最小二乘法对传感器进行标定。然而,通过深入地分析和研究发现,偏振光传感器的标定问题是一个病态问题[81]。对于一个病态问题,如果仍然用针对非病态问题的方法去求解,最终得到的解是不稳定和不可信的。

偏振度是用来表示偏振光中偏振部分的光强占总光强比例的物理量[63]。4.1.3节研究发现,天空偏振样式中一个偏离 Rayleigh 散射模型较大的偏振角,往往伴随着一个较低的偏振度值[57,59]。更重要的是,下文中我们针对偏振光传感器的输出偏振角和偏振度的结果,从数学上严格证明得到,偏振度越低,测量得到的偏振角误差越大。因此,高精度的计算入射光的偏振度是至关重要的。然而,关于偏振光传感器现有的研究主要集中在偏振角的高精度计算上,对于偏振度的计算并没有引起足够的重视[49,66,69],Lambrinos[49]和Zhao[69]甚至尝试利用某种数学变换消除偏振度对偏振光传感器原始测量数据的影响。

偏振光传感器输出的偏振角不是载体的航向角,利用偏振光传感器求解载体的航向并不是简单的事情。其中除了关系到偏振光传感器输出的偏振角信息,最终航向角的估计还与太阳方位角和载体水平角有关,4 个物理量间存在着复杂的几何关系[82]。如何利用这些测量信息高精度求解载体的航向角,也是本章将要详细介绍的内容。

5.1 偏振光传感器测量原理

5.1.1 昆虫偏振光敏感机理

自然界中有许多生物能够利用大气偏振样式进行定向,如撒哈拉沙漠中的蚂蚁就能够利用偏振光定向觅食,即使沙蚁在远离巢穴百米开外的地方找到食物后,也能够径直地返回巢穴[38,39]。除此之外,许多种类的昆虫(如蟋蟀、蝗虫等),也都具有利用偏振光定向的能力[39-43],如图 5.1 所示。

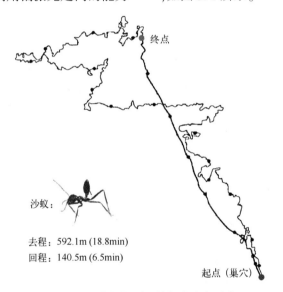

沙蚁:

去程: 592.1m (18.8min)
回程: 140.5m (6.5min)

起点(巢穴)

图 5.1 沙漠蚂蚁利用偏振光定向觅食

复眼是昆虫的主要视觉器官,昆虫之所以能够感知偏振光,与昆虫复眼的特殊结构和功能是分不开的。复眼一般由成千上万个小眼构成,每一个小眼都是一个独立的感光单元,感杆束是感光神经元在小眼内的杆状结构,也是小眼的光感受器,里面含有大量的微绒毛[214]。

按照小眼的位置分布,可将小眼划分为 3 个区域:背部边缘区域(DRA)、背部区域(DA)和腹部区域(VA),其中 DRA 是复眼中一个小块朝向天空的区域,经研究发现,正是这部分区域的小眼具有很高的偏振敏感特性[46,47]。同时,DRA 小眼相对其他区域的小眼也具有一些特殊的结构[214]。

(1) DRA 小眼是直接朝向天空的,而且主要呈对称分布。

（2）在 DRA 每一个小眼的感杆束中，微绒毛都是严格的、相互交叉垂直的。我们知道，复眼的偏振敏感性源于对偏振光的吸收，而当偏振光的最大 *E* 矢量方向与复眼微绒毛的长轴平行时才能最大程度地被吸收，复眼正是这一结构使得其具有偏振敏感性。DRA 小眼中感杆束的微绒毛均呈正交分布，使得对入射的偏振光具有很好的调谐作用。

（3）相对其他区域，DRA 小眼中的微绒毛沿着感杆束排列非常整齐，使得 DRA 中的小眼具有很强的偏振敏感性。

正是因为这些特殊结构，使得 DRA 小眼相对其他区域的小眼更加适合偏振光的探测。图 5.2 中第二个为蟋蟀复眼的 DRA 小眼横截面的示意图，从图中可以看到，微绒毛排列整齐并且相互交叉垂直，这一个结构使得每一个小眼对特定方向的偏振光刺激响应为正弦曲线[46]，是一个严格的方向分析器[47,215]。同时，图中给出了不同昆虫 DRA 小眼的横截面示意图，表明对偏振光敏感是昆虫复眼所具备的普遍性功能[43]。

图 5.2　复眼 DRA 区域小眼横截面示意图

DRA 小眼将感受到的光信号转换成电信号，并将电信号经过信号处理后传递到称为偏振敏感神经元（Polarization-sensitive Neurons，POL-neurons）的神经细胞，该神经细胞主要集中在视神经叶（Optic Lobe）或者中央复合体（Central Complex）中，对于在偏振光最大 *E* 矢量的刺激下 DRA 小眼结构应该产生正弦曲线响应的这一猜测，也正是通过研究偏正敏感神经元的响应刺激得到证实的[46]。因为偏振敏感神经元的输入是由感杆束中偏振敏感方向相互垂直的微绒毛调谐得到，所以也常常称偏振敏感神经元为偏振对立神经元（Polarization-opponent Neurons）。

基于上述发现，1988 年瑞士苏黎世大学学者 Thomas Labhart 根据蟋蟀的 DRA 小眼结构，提出了偏振敏感神经元的模型[40]。如图 5.3 所示，该模型由两个输入通道（通道 1 和通道 2），分别对应昆虫 DRA 小眼中相互正交的微绒毛结构（通道 1 对应小眼中的 *g* 感光区域；通道 2 对应小眼中的 *a*、*b*、*e*、*f* 感光区域），两个通道感知的光信息最终以差的形式在偏振敏感神经元处综合（通道 2−通道 1），右边给出了两个通道及神经元随着 *E* 矢量方向变化的响应曲线，可以看到，最后偏振敏感神经元处的响应曲线是符合正弦变化规律的。

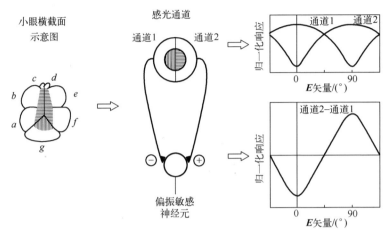

图 5.3　偏振光信息在昆虫神经元系统中的处理过程

研究发现,蟋蟀的偏振敏感神经元可分为 3 种类型,每个类型的偏振敏感神经元分别在某个特定方向的 **E** 矢量刺激下能够得到最大的激励响应,这 3 个方向与蟋蟀的体轴大致为 10°、60° 和 130°,这 3 种类型的偏振敏感神经元所对应的小眼相互交叠分布,保证每个类型的小眼都具有很大的视野[46]。这 3 类偏振敏感神经元的不同的响应值汇集到神经中枢,经过计算和译码就可以得到蟋蟀体轴与太阳子午线的夹角,实现其定向功能[113]。

为了验证昆虫复眼的偏振敏感机理,生物学家做了大量神经生理学方面的实验[41,47,215],并提出了与观察现象高度一致的神经元模型[40],这为后续工程技术人员利用光电敏感元器件模仿昆虫偏振敏感机理研制仿生偏振光传感器提供了强有力的理论支持与技术借鉴。

 5.1.2　偏振光传感器工作原理与组成

仿照蟋蟀感知天空偏振光的机理研制偏振光传感器首先由瑞士苏黎世大学的学者 Dimitrios Lambrinos 等于 1997 年提出[48],论文中,他们仿照蟋蟀感知天空偏振光的机理研制出了仿生偏振光传感器,传感器中的重要组成部分——偏振对立单元(Polarization-opponent Units, POL-OP Units)就是仿照偏振敏感神经元设计的,每一个偏振对立单元都是由一对偏振敏感单元(POL-sensors)和一个对数放大器组成,这两个偏振敏感单元的输出作为对数放大器的输入(图 5.4)。因为蟋蟀只对蓝色的偏振光敏感,所以偏振敏感单元是由一个线性偏振片加上一个蓝色的滤光片构成。每个偏振对立单元中,两个偏振敏感单元彼此是呈正交安装的,这与蟋蟀小眼中微绒毛的正交排列是相对应的。因为蟋蟀的小眼由 3 类偏振敏感神经元组成,所以传感器中也设计了 3 个方向的偏振对立单元,与传感器的 0°参考方向分别呈 0°、60°和 120°。

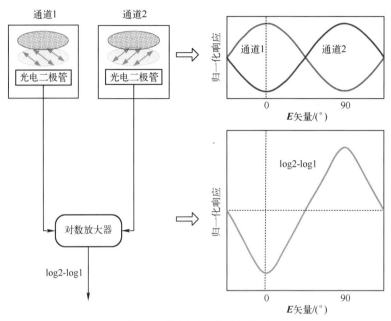

图 5.4　偏振对立单元的构成

假设一个偏振敏感单元的主敏感方向与传感器的 0°参考方向呈 θ 角度,那么,偏振光束 $\boldsymbol{S} = \begin{bmatrix} S_0 & S_1 & S_2 & S_3 \end{bmatrix}^{\mathrm{T}}$ 通过该偏振敏感单元后的光强可由 Stokes 强度方程式(4.52)得到,即

$$
\begin{aligned}
I(\theta) &= \frac{1}{2} \left[S_0 + S_1\cos2\theta + S_2\sin2\theta \right] \\
&= \frac{1}{2} S_0 \left[1 + \frac{S_1}{S_0}\cos2\theta + \frac{S_2}{S_0}\sin2\theta \right] \\
&= \frac{1}{2} S_0 \left[1 + \frac{\sqrt{S_1^2+S_2^2}}{S_0} \left(\frac{S_1}{\sqrt{S_1^2+S_2^2}}\cos2\theta + \frac{S_2}{\sqrt{S_1^2+S_2^2}}\sin2\theta \right) \right]
\end{aligned} \tag{5.1}
$$

由偏振光的 Stokes 矢量描述方法可知,我们关注的入射光束的偏振角和偏振度与 Stokes 参数的关系分别为

$$
\tan2\phi = \frac{S_2}{S_1} \tag{5.2}
$$

$$
d = \frac{\sqrt{S_1^2+S_2^2}}{S_0}, \quad 0 \leqslant d \leqslant 1 \tag{5.3}
$$

将式(5.1)中未知的入射偏振光 Stokes 参数 $[S_0 \quad S_1 \quad S_2 \quad S_3]^T$ 转化为我们待求解的偏振角 ϕ 和偏振度 d，式(5.1)可重写为

$$I(\theta) = \frac{1}{2}S_0\left[1 + d(\cos2\phi\cos2\theta + \sin2\phi\sin2\theta)\right]$$
$$= \frac{1}{2}I[1 + d\cos(2(\phi-\theta))] \tag{5.4}$$

式中：I 为入射偏振光的总强度。按照同样的思路，可以简单写出与该偏振敏感单元正交安装的另一偏振敏感单元的输出光强，即

$$I\left(\theta+\frac{\pi}{2}\right) = \frac{1}{2}I\left[1 + d\cos\left(2\phi - 2\left(\theta+\frac{\pi}{2}\right)\right)\right]$$
$$= \frac{1}{2}I\left[1 + d\cos\left(2\left(\phi-\left(\theta+\frac{\pi}{2}\right)\right)\right)\right] \tag{5.5}$$

由此可以得到这一对偏振敏感单元构成的偏振对立单元的输出为

$$p(\phi) = \lg\frac{I(\theta)}{I\left(\theta+\dfrac{\pi}{2}\right)} = \lg\frac{1 + d\cos(2(\phi-\theta))}{1 + d\cos\left(2\left(\phi-\left(\theta+\dfrac{\pi}{2}\right)\right)\right)} \tag{5.6}$$

按照同样的方法，可以得到 3 个偏振对立单元的输出分别为

$$p_1(\phi) = \lg\frac{1 + d\cos(2\phi)}{1 + d\cos\left(2\left(\phi-\dfrac{\pi}{2}\right)\right)} \tag{5.7}$$

$$p_2(\phi) = \lg\frac{1 + d\cos\left(2\left(\phi-\dfrac{\pi}{3}\right)\right)}{1 + d\cos\left(2\left(\phi-\left(\dfrac{\pi}{3}+\dfrac{\pi}{2}\right)\right)\right)} \tag{5.8}$$

$$p_3(\phi) = \lg\frac{1 + d\cos\left(2\left(\phi-\dfrac{2\pi}{3}\right)\right)}{1 + d\cos\left(2\left(\phi-\left(\dfrac{2\pi}{3}+\dfrac{\pi}{2}\right)\right)\right)} \tag{5.9}$$

2 个未知数、3 个方程，只需用式(5.7)、式(5.8)和式(5.9)3 个方程中的任意 2 个，即可唯一求得入射光的偏振角 ϕ 和偏振度 d。

▶ 5.1.3 偏振光传感器误差模型

传感器的安装制造以及光电元器件的器件误差均会造成偏振光传感器的测量误差。深入研究发现，影响偏振光传感器测量精度的误差可以分为两类：光电二极管刻度因子误差和偏振片安装角误差[67,68,79,213]。

（1）光电二极管刻度因子误差。由偏振光传感器的组成可知,偏振光传感器在光电转换过程总共需要 6 个光电二极管,受光电元器件加工工艺的限制,6个光电二极管的刻度因子无法达到完全一致。以一个偏振对立单元为例,在光电转换过程中,两个不同刻度因子的光电二极管测得电流值输入到对数放大器中,将会对对数放大器电压测量精度造成影响,这一过程可由以下模型描述,即

$$V=\lg\left(\frac{K_1 \cdot I_1}{K_2 \cdot I_2}\right) \tag{5.10}$$

式中:V 为对数放大器的电压测量值;I_1、I_2 分别为两个光电二极管的电流测量值;K_1、K_2 分别为两个光电二极管对应的刻度因子。

从理论上来说,$K_1=K_2$,$K_1/K_2=1$,然而,受到光电元器件加工工艺的限制,K_1 和 K_2 往往是不相等的。因此,式(5.10)可重写为

$$V=\lg\left((1+\kappa)\frac{I_1}{I_2}\right) \tag{5.11}$$

式中:κ 为一个很小的数值,表示一个偏振对立单元中由于光电二极管刻度因子的不一致而引入的误差,下文中均简称为"光电二极管刻度因子误差"。

（2）偏振片安装角误差。偏振片安装角误差是影响偏振光传感器测量精度的主要误差。由式(5.7)~式(5.9)可知,6 个偏振片的理想安装角度分别为 0、$\frac{\pi}{2}$、$\frac{\pi}{3}$、$\frac{\pi}{3}+\frac{\pi}{2}$、$\frac{2\pi}{3}$ 和 $\frac{2\pi}{3}+\frac{\pi}{2}$。然而,在实际安装过程中,这些角度均无法精确满足。将第一个偏振片的安装方向作为参考基准,6 个偏振片的实际安装角度可分别表示为 0、$\frac{\pi}{2}+\varepsilon_1$、$\frac{\pi}{3}+\varepsilon_2$、$\frac{\pi}{3}+\frac{\pi}{2}+\varepsilon_3$、$\frac{2\pi}{3}+\varepsilon_4$ 和 $\frac{2\pi}{3}+\frac{\pi}{2}+\varepsilon_5$。其中,$\varepsilon_1 \sim \varepsilon_5$ 均为较小的角度值,分别表示 5 个偏振片的安装角误差,下文中均称为"偏振片安装角误差"。

综合考虑这两大误差源后,3 个偏振对立单元的输出式(5.7)~式(5.9)可重写为

$$\tilde{p}_1(\phi)=\lg\left((1+\kappa_1)\frac{1+d\cos(2\phi)}{1+d\cos\left(2\left(\phi-\left(\frac{\pi}{2}+\varepsilon_1\right)\right)\right)}\right)$$

$$\tilde{p}_2(\phi)=\lg\left((1+\kappa_2)\frac{1+d\cos\left(2\left(\phi-\left(\frac{\pi}{3}+\varepsilon_2\right)\right)\right)}{1+d\cos\left(2\left(\phi-\left(\frac{\pi}{3}+\frac{\pi}{2}+\varepsilon_3\right)\right)\right)}\right) \tag{5.12}$$

$$\tilde{p}_3(\phi) = \lg\left((1+\kappa_3)\frac{1+d\cos\left(2\left(\phi-\left(\frac{2\pi}{3}+\varepsilon_4\right)\right)\right)}{1+d\cos\left(2\left(\phi-\left(\frac{2\pi}{3}+\frac{\pi}{2}+\varepsilon_5\right)\right)\right)}\right)$$

式中:$\tilde{p}_1 \sim \tilde{p}_3$ 为 3 个偏振对立单元的测量值;$\kappa_1 \sim \kappa_3$ 为光电二极管刻度因子误差;$\varepsilon_1 \sim \varepsilon_5$ 为偏振片安装角误差。

如果能够得到这些未知的标定参数,利用最小二乘算法可以计算得到更加精确的偏振角$\tilde{\phi}$与偏振度$\tilde{d}$的测量值[80],即

$$\tilde{\phi} = \frac{1}{2}\arctan\frac{U}{Q} \tag{5.13}$$

$$\tilde{d} = \sqrt{Q^2+U^2} \tag{5.14}$$

其中,$U=\tilde{d}\sin(2\tilde{\varphi})$,$Q=\tilde{d}\cos(2\tilde{\phi})$,并由下式计算得到

$$\boldsymbol{v} = (\boldsymbol{A}^{\mathrm{T}}\boldsymbol{A})^{-1}\boldsymbol{A}^{\mathrm{T}}\boldsymbol{b} \tag{5.15}$$

其中

$$\boldsymbol{v} = \begin{bmatrix} U \\ Q \end{bmatrix}$$

$$\boldsymbol{A} = \begin{bmatrix} 1+\dfrac{10^{2\tilde{p}_1}}{1+\kappa_1}\cos(2\varepsilon_1) & \dfrac{10^{2\tilde{p}_1}}{1+\kappa_1}\sin(2\varepsilon_1) \\ \cos\left(\dfrac{2\pi}{3}+2\varepsilon_2\right)+\dfrac{10^{2\tilde{p}_2}}{1+\kappa_2}\cos\left(\dfrac{2\pi}{3}+2\varepsilon_3\right) & \sin\left(\dfrac{2\pi}{3}+2\varepsilon_2\right)+\dfrac{10^{2\tilde{p}_2}}{1+\kappa_2}\sin\left(\dfrac{2\pi}{3}+2\varepsilon_3\right) \\ \cos\left(\dfrac{4\pi}{3}+2\varepsilon_4\right)+\dfrac{10^{2\tilde{p}_3}}{1+\kappa_3}\cos\left(\dfrac{4\pi}{3}+2\varepsilon_5\right) & \sin\left(\dfrac{4\pi}{3}+2\varepsilon_4\right)+\dfrac{10^{2\tilde{p}_3}}{1+\kappa_3}\sin\left(\dfrac{4\pi}{3}+2\varepsilon_5\right) \end{bmatrix}$$

$$\boldsymbol{b} = \begin{bmatrix} \dfrac{10^{2\tilde{p}_1}}{1+\kappa_1}-1 & \dfrac{10^{2\tilde{p}_2}}{1+\kappa_2}-1 & \dfrac{10^{2\tilde{p}_3}}{1+\kappa_3}-1 \end{bmatrix}^{\mathrm{T}}$$

5.2 偏振光传感器标定方法

▶ 5.2.1 偏振光传感器误差标定

由上述分析可知,为了得到更加精确的偏振角和偏振度的测量值,需要对传感器进行标定,计算待标参数值。目前,偏振光的标定方法均采用如图 5.5 所示的标定平台,其中积分球能够提供均匀度在 98% 以上的自然光,积分球出射的自然光经过线偏振片后得到标准的线偏振光;偏振光传感器安装在一个高

精度的多齿分度转台上,转台的重复定位精度可以达到 0.001°。随着转台的转动,偏振光传感器测量的偏振角信息也会随着发生变化,以转台旋转的角度为外部参考基准,即可对偏振光传感器进行标定。

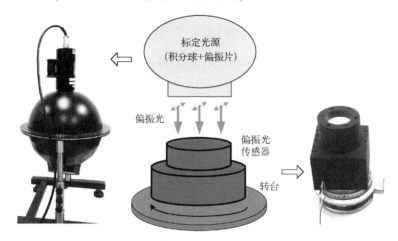

图 5.5　偏振光传感器标定示意图

对式(5.13)两边求变分可以得到误差方程

$$\delta\phi = a_1\varepsilon_1 + a_2\varepsilon_2 + a_3\varepsilon_3 + a_4\varepsilon_4 + a_5\varepsilon_5 + a_6\kappa_1 + a_7\kappa_2 + a_8\kappa_3 \qquad (5.16)$$

式中:$\delta\phi = \widetilde{\phi} - \phi$ 为偏振角的测量误差;$\widetilde{\phi}$ 为偏振角的测量值;ϕ 为偏振角的参考值,由高精度的多齿分度转台提供;

$a_i, i = 1, 2, \cdots, 8$ 为标定参数的系数,其表达式见附录 A。

假设存在 q 个偏振光的测量值,由这些测量值组成的观测方程可联立组合成矩阵形式的线性方程

$$\boldsymbol{A}_1\boldsymbol{X}_1 = \boldsymbol{b}_1 \qquad (5.17)$$

其中

$$\boldsymbol{A}_1 = \begin{bmatrix} a_{11} & a_{21} & a_{31} & a_{41} & a_{51} & a_{61} & a_{71} & a_{81} \\ a_{12} & a_{22} & a_{32} & a_{42} & a_{52} & a_{62} & a_{72} & a_{82} \\ \vdots & \vdots & \vdots & \vdots & \vdots & \vdots & \vdots & \vdots \\ a_{1q} & a_{2q} & a_{3q} & a_{4q} & a_{5q} & a_{6q} & a_{7q} & a_{8q} \end{bmatrix}$$

$$\boldsymbol{X}_1 = \begin{bmatrix} \varepsilon_1 & \varepsilon_2 & \varepsilon_3 & \varepsilon_4 & \varepsilon_5 & \kappa_1 & \kappa_2 & \kappa_3 \end{bmatrix}^T$$

$$\boldsymbol{b}_1 = \begin{bmatrix} \delta\phi_1 & \delta\phi_2 & \cdots & \delta\phi_q \end{bmatrix}^T$$

一般而言,偏振光测量值个数 q 远大于观测方程中未知数的个数,因此,式(5.17)是一个超定线性方程组。一旦该方程组求解出未知量 $\boldsymbol{X}_1$,即可得到全部的标定参数的估计值。后续的偏振光测量可以根据这些估计值进行误差补

偿。因此,超定方程式(5.17)解的精度是影响偏振光测量误差补偿效果的关键。超定方程可以采用标准的最小二乘算法进行估计,其解为

$$\hat{\boldsymbol{X}}_1 = (\boldsymbol{A}_1^{\mathrm{T}} \boldsymbol{A}_1)^{-1} \boldsymbol{A}_1^{\mathrm{T}} \boldsymbol{b}_1 \tag{5.18}$$

▶ 5.2.2 偏振光传感器标定的病态问题分析

病态问题是指在参数估计问题中,如果因为观测值或者参数的系数发生微小的变动,参数解就会发生较大的变化,那么,该参数估计系统就是病态的。实验发现,利用 5.2.1 节中的标定方法得到的参数估计就是不稳定的,直接导致最终偏振光测量误差补偿结果较差,有时误差补偿后的结果甚至比误差补偿之前的结果还要差。通过深入分析发现,标定的系统矩阵 $\boldsymbol{A}_1$ 中的某些列存在近似线性相关项。以 a_2 和 a_3 列为例,忽略测量误差,可以得到 a_2 和 a_3 的近似表达式为

$$a_2 \approx -\frac{\left(1-\widetilde{d}\cos\left(2\,\widetilde{\phi}-\frac{2\pi}{3}\right)\right)\sin^2\left(2\,\widetilde{\phi}-\frac{2\pi}{3}\right)}{3} \tag{5.19}$$

$$a_3 \approx -\frac{\left(1+\widetilde{d}\cos\left(2\,\widetilde{\phi}-\frac{2\pi}{3}\right)\right)\sin^2\left(2\,\widetilde{\phi}-\frac{2\pi}{3}\right)}{3} \tag{5.20}$$

由式(5.19)和式(5.20)可以看到,a_2 与 a_3 近似相等,并且偏振度越低,二者数值越接近。同样的关系还可以在 a_4 与 a_5 之间看到,即

$$a_4 \approx -\frac{\left(1-d\cos\left(2\phi-\frac{4\pi}{3}\right)\right)\sin^2\left(2\phi-\frac{4\pi}{3}\right)}{3} \tag{5.21}$$

$$a_5 \approx -\frac{\left(1+d\cos\left(2\phi-\frac{4\pi}{3}\right)\right)\sin^2\left(2\phi-\frac{4\pi}{3}\right)}{3} \tag{5.22}$$

系统矩阵 $\boldsymbol{A}_1$ 中近似线性相关项的存在使得其条件数较大。

条件数是病态性的一种度量指标,条件数的大小反映了系统病态性的严重性。根据矩阵的范数不同,条件数有不同的表达形式。较为广泛使用的是由 2-范数导出的条件出,其表达式为

$$\mathrm{cond}(\boldsymbol{A}) = \|\boldsymbol{A}^{\dagger}\| \|\boldsymbol{A}\| \tag{5.23}$$

式中:矩阵 $\boldsymbol{A}^{\dagger}$ 称为 $\boldsymbol{A}$ 的 moore-penrose 逆。关于条件数,陈希孺给出了一个经验数量判断,当 $\mathrm{cond}(\boldsymbol{A}) < 10^2$,认为没有病态性;当 $10^2 < \mathrm{cond}(\boldsymbol{A}) < 10^3$,认为存在中等强度的病态性;当 $\mathrm{cond}(\boldsymbol{A}) > 10^3$,认为有严重的病态性。

为了评估标定系统矩阵 $\boldsymbol{A}_1$ 的病态性,我们利用一组仿真数据计算了矩阵

A_1 在不同偏振度大小情况下的条件数,如图 5.6 所示。因为 5.2.1 节中所描述的标定方法是将外部偏振角作为参考基准,一般称这种类型的方法为基于偏振角的标定方法(Angle of Polarization Based Mehtod,简称 AOPB 法)。由图可知,AOPB 法的标定系统矩阵 A_1 存在病态性,并且标定过程中,偏振度越低,病态性越严重。AOPB 标定方法的病态性将严重影响标定结果的稳定性和精确性。

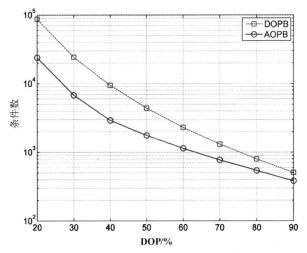

图 5.6　标定系统矩阵在不同偏振度大小情况下的条件数

目前,所有的标定方法都忽略了一个事实[61,67,68,79,213]:在标定的过程中,偏振光源的偏振度是一个常值。也就是说,随着高精度的多齿分度转台的转动,偏振光传感器测量得到的偏振度是一个不变的常量。以这个不变的偏振度作为外部参考基准,采用与 AOPB 类似的策略,也可以对偏振光传感器进行标定。

同样地,对式(5.14)两边求变分可得误差方程为

$$\tilde{d} = c_1\varepsilon_1 + c_2\varepsilon_2 + c_3\varepsilon_3 + c_4\varepsilon_4 + c_5\varepsilon_5 + c_6\kappa_1 + c_7\kappa_2 + c_8\kappa_3 + d \tag{5.24}$$

式中:$\tilde{d}$ 为偏振度的测量误差;d 为偏振度的参考值,在整个标定过程中保持恒定不变;$c_i, i = 1, 2, \cdots, 8$ 为标定参数的系数,其表达式见附录 B。

假设存在 q 个偏振光的测量值,由这些测量值组成的观测方程可联立组合成矩阵形式的线性方程,同样可以利用最小二乘法求得标定参数的估计值,即

$$\hat{X}_2 = (A_2^{\mathrm{T}} A_2)^{-1} A_2^{\mathrm{T}} b_2 \tag{5.25}$$

其中

$$A_2 = \begin{bmatrix} c_{11} & c_{21} & c_{31} & c_{41} & c_{51} & c_{61} & c_{71} & c_{81} & 1 \\ c_{12} & c_{22} & c_{32} & c_{42} & c_{52} & c_{62} & c_{72} & c_{82} & 1 \\ \vdots & \vdots & \vdots & \vdots & \vdots & \vdots & \vdots & \vdots & \vdots \\ c_{1q} & c_{2q} & c_{3q} & c_{4q} & c_{5q} & c_{6q} & c_{7q} & c_{8q} & 1 \end{bmatrix}$$

$$X_2 = \begin{bmatrix} \varepsilon_1 & \varepsilon_2 & \varepsilon_3 & \varepsilon_4 & \varepsilon_5 & \kappa_1 & \kappa_2 & \kappa_3 & d \end{bmatrix}^{\mathrm{T}}$$

$$b_2 = \begin{bmatrix} \tilde{d}_1 & \tilde{d}_2 & \cdots & \tilde{d}_q \end{bmatrix}^{\mathrm{T}}$$

然而,分析发现,系统矩阵 A_2 中存在与 A_1 相似的问题, A_2 中的某些列也存在近似线性相关项,其中 $c_2 \approx c_3, c_4 \approx c_5$。为了评估标定系统矩阵 A_2 的病态,我们采用同样的仿真数据计算了矩阵 A_2 在不同偏振度大小情况下的条件数,如图 5.6 所示。这里所描述的标定方法是将外部偏振度作为参考基准,一般称这种类型的方法为基于偏振度的标定方法(Degree of Polarization Based Mehtod,简称 DOPB 法)。

因此,不管是 AOPB 法还是 DOPB 法,都将面临病态性的问题。为了得到一个稳定的标定方法,我们充分利用外部偏振角和偏振度作为参考基准,得到了一种综合考虑偏振角和偏振度的标定方法(Both AOP and DOP Based Method,简称 BADB 法)。BADB 法的标定模型为

$$\begin{bmatrix} a_1 & a_2 & \cdots & a_8 & 0 \\ c_1 & c_2 & \cdots & c_8 & 1 \end{bmatrix} \begin{bmatrix} \varepsilon_1 & \varepsilon_2 & \varepsilon_3 & \varepsilon_4 & \varepsilon_5 & \kappa_1 & \kappa_2 & \kappa_3 & d \end{bmatrix}^{\mathrm{T}} = \begin{bmatrix} \delta\phi & \tilde{d} \end{bmatrix}^{\mathrm{T}}$$

$$(5.26)$$

同样,假设存在 q 个偏振光的测量值,由这些测量值组成的观测方程可联立组合成矩阵形式的线性方程,即

$$AX = b \qquad\qquad (5.27)$$

其中

$$A = \begin{bmatrix} A_1 & 0_{q \times 1} \\ A_2 \end{bmatrix}$$

$$X = \begin{bmatrix} \varepsilon_1 & \varepsilon_2 & \varepsilon_3 & \varepsilon_4 & \varepsilon_5 & \kappa_1 & \kappa_2 & \kappa_3 & d \end{bmatrix}^{\mathrm{T}}$$

$$b = \begin{bmatrix} b_1 \\ b_2 \end{bmatrix}$$

方程组的最小二乘解为

$$\hat{X} = (A^{\mathrm{T}} A)^{-1} A^{\mathrm{T}} b \qquad\qquad (5.28)$$

在同样的仿真条件下,与 AOPB 和 DOPB 的系统矩阵相比,BADB 的系统矩阵 A 的条件数的最大值不超过 100。因此,BADB 相比其他两种标定模型更加稳定。

为了验证 BADB 方法的正确性,下面用一组仿真实验将 3 种模型的性能进行对比评估。假设偏振光传感器固定在多齿分度台上,旋转转台从 $0°$ 到 $180°$,每隔 $0.01°$ 记录下偏振光传感器的测量值,并假定偏振光源的偏振度为 80%。

标定参数的真实值如表 5.1 所列,同时,在 3 个偏振对立单元的原始输出中加入高斯白噪声。方便起见,定义一个临时变量

$$\boldsymbol{\vartheta} = \begin{bmatrix} \varepsilon_1 & \varepsilon_2 & \varepsilon_3 & \varepsilon_4 & \varepsilon_5 & \kappa_1 & \kappa_2 & \kappa_3 \end{bmatrix}^\mathrm{T} \quad (5.29)$$

式中: $\boldsymbol{\vartheta} \in \mathbb{R}^8$。为了评估参数估计的精度,引入以下相对误差作为评价标准,即

$$\eta(\vartheta_i) = \frac{|E(\hat{\vartheta}_i) - \vartheta_i|}{|\vartheta_i|} \times 100\% \quad (5.30)$$

式中: ϑ_i 为 $\boldsymbol{\vartheta}$ 的第 i 个元素; $\hat{\vartheta}_i$ 为对 ϑ_i 的估计值; $E(\cdot)$ 为均值函数。从式(5.30)可以看出,指标值 $\eta(\vartheta_i)$ 越小,表明算法对 ϑ_i 的估计精度越高。

表 5.1　仿真参数设置

	ε_1	ε_2	ε_3	ε_4	ε_5	κ_1	κ_2	κ_3
取值	1.50°	2.00°	1.70°	1.00°	2.20°	0.0070	0.0050	0.0060

在仿真中,标定算法的性能指标由 500 次 Monte Carlo 仿真的结果统计得出。另外,为了评估测量噪声对参数估计影响,可通过改变噪声的标准方差 σ 调整信噪比(SNR: p^2/σ^2)使之从 10^3 变化到 10^8,以用于测试算法在不同噪声水平下的性能表现。

首先,考虑 3 种方法系统矩阵的条件数,表 5.2 给出了 3 种方法在没有噪声的情况下系统矩阵的条件数。可以看到,只有 BADB 方法是没有病态性的,其他两种方法都具有严重的病态性。

表 5.2　条件数对比

	AOPB	DOPB	BADB
条件数	543	799	13

其次,我们对比了标定算法参数估计的精度。图 5.7 是不同标定算法对标定参数的估计指标随噪声水平的变化曲线。图 5.7(a)~(h)分别表示由不同标定方法得出的 ϑ_1-ϑ_8 的估计指标曲线。从图中可以看出,AOPB 和 DOPB 算法对噪声都非常敏感,AOPB 算法尤其明显,一个重要的原因在于算法系统矩阵的条件数会随着噪声水平的改变而发生变化,这对算法的性能会产生较大影响的。BADB 算法的性能相对较优,其参数估计的精度和鲁棒性都明显优于与之对比的算法。特别是在信噪比较低的情况,BADB 方法仍然能够给出足够精度的稳定解。因此,BADB 算法能够得到更加精确、并且稳定可信的标定参数。

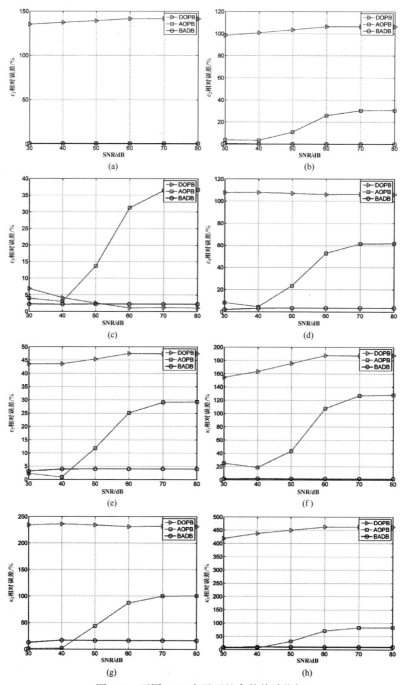

图 5.7　不同 SNR 水平下的参数估计指标

(a)$\eta(\vartheta_1)$;(b)$\eta(\vartheta_2)$;(c)$\eta(\vartheta_3)$;(d)$\eta(\vartheta_4)$;(e)$\eta(\vartheta_5)$;(f)$\eta(\vartheta_6)$;(g)$\eta(\vartheta_7)$;(h) $\eta(\vartheta_8)$。

5.2.3　基于 NSGA-Ⅱ的偏振光传感器标定算法

前面分析了偏振光传感器标定问题的病态性,并且考虑同时使用外部偏振角参考基准和偏振度常值约束的 BADB 标定方法,尽管该方法成功地将偏振光传感器标定的病态问题转化为非病态问题,但是方法过度地简化了这两个参考信息之间的关系,两者的权值在标定过程中是相等的。对于实际的标定过程,这种相等权值的情况仅仅是极少出现的特例。更重要的是,偏振光传感器的标定问题同时也是一个非线性问题,将问题线性化并利用最小二乘法求解是无法得到精确的参数估计结果的。基于以上两点考虑,下文提出了一个具有普遍适用性的、偏振光传感器标定的多目标优化模型,并利用 NSGA-Ⅱ算法求解该非线性、多目标优化问题。

5.2.3.1　标定模型

根据式(5.13)和式(5.15)可知,偏振角的测量值 $\widetilde{\phi}(\boldsymbol{x})$ 是传感器标定参数 $\boldsymbol{x}$ 的非线性函数,其中 $\boldsymbol{x}$ 定义为

$$\boldsymbol{x}=\begin{bmatrix} \varepsilon_1 & \varepsilon_2 & \varepsilon_3 & \varepsilon_4 & \varepsilon_5 & \kappa_1 & \kappa_2 & \kappa_3 \end{bmatrix}^{\mathrm{T}}$$

假设存在 m 个偏振光的测量值 $\widetilde{\phi}_i(\boldsymbol{x})$ 和对应的偏振角参考基准 $\overline{\phi}_i(\boldsymbol{x})$,$i=1,2,\cdots,m$,则偏振角测量值的残余量可由下式求得,即

$$F_i(\boldsymbol{x})=\widetilde{\phi}_i(\boldsymbol{x})-\overline{\phi}_i(\boldsymbol{x})\,,\quad i=1,2,\cdots,m \qquad (5.31)$$

摒弃 5.2.1 节中求解标定参数的近似线性方法,偏振光传感器的标定问题可以写为一个标准的非线性最小二乘问题,即

$$\min\quad f_1(\boldsymbol{x})=\frac{1}{2}\|F(\boldsymbol{x})\|^2=\frac{1}{2}\sum_{i=1}^{m}F_i^2(\boldsymbol{x})$$
$$\text{s.t.}\quad \boldsymbol{x}\in\mathbb{R}^8 \qquad (5.32)$$

标定参数的求解可以转化为求取优化目标函数式(5.32)的最小值得到。

同样,偏振度的测量值 $\widetilde{d}(\boldsymbol{x})$ 也是传感器标定参数 $\boldsymbol{x}$ 的非线性函数,基于 DOPB 的标定模型也可以写作为一个标准的非线性最小二乘问题,其优化目标函数为

$$f_2(\boldsymbol{x})=\frac{1}{2}\|G(\boldsymbol{x})\|^2=\frac{1}{2}\sum_{i=1}^{m}G_i^2(\boldsymbol{x}) \qquad (5.33)$$

其中

$$G_i(\boldsymbol{x})=\widetilde{d}_i(\boldsymbol{x})-\overline{d},\ i=1,2,\cdots,m \qquad (5.34)$$

偏振度的真值 $\overline{d}\in[0,1]$ 是未知的,但是在整个标定过程中,其为一个恒定的常值。因此,我们重新定义标定参数矢量 $\boldsymbol{x}$ 为

$$\boldsymbol{x} = \begin{bmatrix} \varepsilon_1 & \varepsilon_2 & \varepsilon_3 & \varepsilon_4 & \varepsilon_5 & \kappa_1 & \kappa_2 & \kappa_3 & \overline{d} \end{bmatrix}^{\mathrm{T}}$$

$$= \begin{bmatrix} x_1 & x_2 & x_3 & x_4 & x_5 & x_6 & x_7 & x_8 & x_9 \end{bmatrix}^{\mathrm{T}}$$

但是由 5.2.2 节的分析可知,单独的应用 AOPB 和 DOPB 标定模型均会造成标定问题的病态,只有将两者结合起来使用,才能避免病态性问题。然而,5.2.2 节中将两种模型结合得到的 BADB 标定模型是一种固定权值的结合,外部偏振角的参考基准以及偏振度的常值约束在标定过程中作为参考基准所占的比例是相同的,不具有普适性。根据上文分析,偏振光传感器的标定问题实际上是一个多目标优化问题(Multi-objective Optimization Problem,MOP)。由于标定参数中的安装角误差 $\varepsilon_1 \sim \varepsilon_5$ 和刻度因子误差 $\kappa_1 \sim \kappa_3$ 都是小量,假设 $\varepsilon_1 \sim \varepsilon_5$ 和 $\kappa_1 \sim \kappa_3$ 分别属于非空区间 $[-4, 4]$ 和 $[-0.1, 0.1]$,其中 $\varepsilon_1 \sim \varepsilon_5$ 的单位为度。因此,偏振光传感器的标定问题可以用如下多目标优化问题的形式表达,即

$$\min \quad f_1(\boldsymbol{x}) = \frac{1}{2} \sum_{i=1}^{m} (\widetilde{\phi}_i(\boldsymbol{x}) - \overline{\phi}_i(\boldsymbol{x}))^2$$

$$f_2(\boldsymbol{x}) = \frac{1}{2} \sum_{i=1}^{m} (\widetilde{d}_i(\boldsymbol{x}) - \boldsymbol{x}_9)^2 \qquad (5.35)$$

$$\mathrm{s.\,t.} \quad \boldsymbol{x} \in \mathbb{R}^9, \quad x_9 \in [0, 1]$$

$$x_i \in [-4, 4], \qquad i = 1, 2, \cdots, 5$$

$$x_i \in [-0.1, 0.1], \quad i = 6, 7, 8$$

这个新的标定模型是 BADB 标定模型一般化后的结果。

5.2.3.2 NSGA-II 算法

MOP 的本质在于大多数情况下各目标是相互冲突的,某个目标的改善可能引起其他目标性能的降低,同时使得多个目标均达到最优是不可能的,只能在各目标间进行协调权衡和折中处理,使所有目标函数尽可能达到最优,类似单目标优化问题的最优解在 MOP 中是不存在的,最优解不再是在给定约束条件下使所有目标函数最小的解,而是 Pareto 最优解集[216,217]。

为了后续描述方便,给出如下几个概念的定义[216]。

(1) Pareto 支配。解 x^0 支配 x^1,记作 $x^0 > x^1$,当且仅当

$$f_i(x^0) \leqslant f_i(x^1), \quad i = 1, 2, \cdots, m$$

$$f_i(x^0) < f_i(x^1), \quad \exists\, i \in \{1, 2, \cdots, m\}$$

(2) Pareto 最优解。如果解 x^0 是 Pareto 最优的,当且仅当

$$\neg \exists\, x^1 : \quad x^1 > x^0$$

(3) Pareto 最优解集。所有 Pareto 最优解的集合为

$$P_S = \{x^0 \mid \neg \exists\, x^1 > x^0\}$$

（4）Pareto 前端。Pareto 最优解集对应的目标函数值所形成的区域为

$$P_F = \{ f(x) = (f_1(x), f_2(x), \cdots, f_m(x)) \mid x \in P_S \}$$

因此，MOP 的 Pareto 最优解其实是一个可接受的非劣解或者非受支配解，一般情况下，大多数 MOP 的 Pareto 最优解的个数很多，而 MOP 的最优解就是包含所有这些 Pareto 最优解的一个集合。对于实际问题，必须根据对问题的了解程度，从大量的 Pareto 最优解中选择一些使用。

大多数工程和科学问题都是多目标优化问题，可能存在多个彼此冲突的优化目标，如何获取 MOP 最优解，一直都是学术界和工程界关注的焦点问题。多目标进化（Evolutionary Multi-objective Optimization，EMO）算法解决 MOP 的一类重要算法，和单目标进化算法不同，EMO 算法必须提供一组数量尽可能大的 Pareto 最优解，要求这组解逼近问题的全局 Pareto 前端，并且尽可能均匀地分布在整个全局 Pareto 前端上。大多数 EMO 算法的设计都是围绕如何有效地实现上述三个目的的。

由印度学者 Deb 等[218] 提出的 NSGA-II（Non-Dominated Sorting Genetic Algorithm II）算法是 EMO 算法中非常流行的 MOP 求解方法[217]。算法首先对种群 P 进行遗传操作，得到种群 Q；然后，将两种群合并后，进行非劣排列和拥挤距离排序，形成新的种群 P，反复进行直到结束。该算法计算效率高、计算结果优秀，因此，本文偏振光传感器标定过程的 MOP 求解最终选择 NSGA-II 算法。具体计算过程描述如下。

（1）参数初始化，包括种群个体数 N、最大遗传代数 t_{max}、交叉概率 ρ_c 和变异概率 ρ_m。

（2）随机产生一个具有 N 个个体的初始种群 P_0，然后，根据每一个目标函数的值对种群进行非劣排序。

（3）对初始种群执行二元锦标赛选择、交叉和变异，得到新的种群 Q_0，令代数 $t = 0$。

（4）形成新的种群 $R_t = P_t \cup Q_t$，对种群 R_t 进行非劣排序，其中种群 R_t 的个体数为 $2N$。

（5）对得到的非劣前端按照拥挤比较操作进行排序，挑选其中最好的 N 个个体形成种群 P_{t+1}。

（6）对种群 P_{t+1} 执行选择、交叉和变异操作，形成种群 Q_{t+1}。

（7）如果种群代数大于或者等于最大的遗传代数 t_{max}，终止迭代；否则，更新种群代数 $t = t+1$，转到步骤（4）。

关于非劣排列、拥挤距离和拥挤距离排序等的具体计算公式可以见参考文献[218]。

5.2.3.3 实验分析与验证

1. 仿真实验验证

本节首先采用仿真实验测试 NSGA-Ⅱ方法应用于偏振光传感器标定的有效性,并将该方法与现有的基于迭代最小二乘的标定算法[79]进行比较。注意到本文的 NSGA-Ⅱ算法是将偏振光传感器的标定看做一个多目标优化问题,而迭代最小二乘算法是将此标定看做是一个单目标优化问题。

假设一个偏振光传感器固定在一个高精度转台上,偏振光传感器的测量数据可利用仿真生成,公式中标定误差参数的取值如表 5.3 所列。一个用于标定的测量数据集通过旋转转台仿真生成,在旋转过程中,转台由参考 0°逐步旋转到 180°,旋转步长为 3°。偏振光源为一个部分线偏振光,其中偏振度为 80%。在仿真中,NSGA-Ⅱ算法的参数设置如表 5.4 所列。另外,为了评估测量噪声对参数估计的影响,对偏振光传感器中 3 个 POL-OP 单元的输出测量值添加了高斯白噪声,即

$$\tilde{p}_{1i}=\bar{p}_{1i}+n_{1i}, \quad \tilde{p}_{2i}=\bar{p}_{2i}+n_{2i}, \quad \tilde{p}_{3i}=\bar{p}_{3i}+n_{3i}, \\ i=1,2,\cdots,m \tag{5.36}$$

式中:n_{1i}、n_{2i}和 n_{3i}为测量噪声。这些噪声通过 Matlab 函数 awgn 生成,该函数有一个参数 snr 用于改变信噪比,单位为 dB。在仿真中,各类标定方法的性能通过 Monte Carlo 仿真进行对比验证。同时,更改不同的信噪比,用以检验本文标定方法在不同噪声水平下的鲁棒性和精度。

表 5.3 仿真误差设定

ε_1	ε_2	ε_3	ε_4	ε_5	κ_1	κ_2	κ_3
1.50°	2.00°	1.70°	1.00°	2.20°	0.0070	0.0050	0.0069

表 5.4 NSGA-Ⅱ算法参数

参数	数值
种群大小 N	50
最大遗传代数 t_{max}	2000
交叉概率 ρ_c	0.9
变异概率 ρ_m	0.1
交叉指数 η_c	5
变异指数 η_m	5

使用相对误差 RE 和均方根误差 RMSE 两个性能指标评价标定方法的性能,定义为

$$RE = \sum_{i=1}^{8} \frac{\left| E(\hat{x}_i) - x_i \right|}{\left| x_i \right|} \times 100\% \tag{5.37}$$

$$RMSE = \sqrt{\frac{1}{m} \sum_{i=1}^{m} (\widetilde{\phi}_i - \overline{\phi}_i)^2} \tag{5.38}$$

式中:x_i 为标定参数矢量 x 中的第 i 个元素;$\hat{x}_i$ 为 x_i 的估计值;$E(\cdot)$ 为取均值函数;$\widetilde{\phi}_i$ 和 $\overline{\phi}_i$ 分别为修正的偏振角测量值和偏振角的理论值。偏振度也按照同样的方法进行评估。

　　对于基于迭代最小二乘的标定算法,系统矩阵的最大奇异值为 50.730,最小奇异值为 0.093,矩阵的条件数为 545,表明该标定过程是严重病态的。不同噪声水平下的仿真结果如表 5.5 所列。其中,基于迭代最小二乘算法的结果是从 100 次迭代过程中的挑选出来的最优解;基于 NSGA-Ⅱ 算法的结果是从 Pareto 最优解集中挑选出来的一组 Pareto 最优解。从表中可以看出,基于迭代最小二乘的标定算法的解对噪声更为敏感,当测量数据的噪声水平为 60dB 时,算法估计的标定参数的相对误差 RE 已经大于 900%,算法此时是发散的;在相同的情况下,基于 NSGA-Ⅱ 算法的参数估计结果的相对误差仍然小于 45%。基于 NSGA-Ⅱ 算法的标定方法能够在不同噪声水平下获得更加收敛并且稳定的解。这些结果表明,采用基于 NSGA-Ⅱ 算法的标定方法能够有效地避免标定过程的病态性的影响,并且能够在偏振光传感器的标定问题中获得可靠的解。

表 5.5　不同测量噪声水平下两种标定算法的性能指标统计结果

测量噪声	标定算法	RE/%	AOP RMSE/(°)	DOP RMSE/%
No noise	迭代最小二乘	5.2×10^{-3}	3.2×10^{-6}	6.2×10^{-5}
	NSGA-Ⅱ	1.5×10^{-4}	1.4×10^{-8}	2.9×10^{-7}
80dB	迭代最小二乘	103.30	0.018	0.53
	NSGA-Ⅱ	2.0	0.0054	0.015
60dB	迭代最小二乘	959.19	0.11	2.70
	NSGA-Ⅱ	42.41	0.060	0.15

2. 实测实验验证

　　传感器的标定过程在实验室环境进行。首先,将偏振光传感器固定在一个高精度多齿分度台上。多齿分度台上下齿盘的齿形是用高精度专用磨床磨出,可获得极准确的齿距;上、下两齿盘啮合时还能起到误差平均的作用,因而,可以得到非常高的分度精度。本文实验中采用的是中国船舶工业第六三五四研究所研制的 391X 多齿分度台,转台最小转动间隔为 1/391×360°,角度测量精度为 0.001°。标定光源由一个积分球和线偏振片共同构成,其中积分球出光面的均匀度在 98% 以上。偏振光传感器在标定光源稳定的照射下,通过多齿分度台从 0° 旋转到 360°,并且每隔 10 个分度,也就是 10/391×360° 时,啮合上下两个齿盘,静态采集偏振光原始测量数据 10s,作为标定的测量数据集。

对于基于迭代最小二乘的标定算法,系统矩阵的奇异值如图 5.8 所示,其中最大奇异值为 50.810,最小奇异值为 0.105,矩阵的条件数为 483,表明该标定过程是严重病态的。实验中,因为真实的 DOP 是未知的,对经过标定参数修正之后的 DOP 使用标准差 SD 指标评估。基于迭代最小二乘的标定算法中 AOP 标定残差的 RMSE 以及 DOP 的标准差 SD 在不同迭代次数下的统计结果列于表 5.6。从表中可以看到,因为标定过程的病态性,基于迭代最小二乘的标定算法是不收敛的。基于 NAGA-Ⅱ 的标定算法求得的 Pareto 前端如图 5.9 所示。两种不同标定方法的残差对比如图 5.10 所示。从图中可以看到,基于 NAGA-Ⅱ 的标定算法求得的解处于基于迭代最小二乘的标定算法不同迭代次数求得的解的前端,对于不同迭代次数求得的解,在 NAGA-Ⅱ 算法的 Pareto 最优解集中都能找更优的结果。

表 5.7 列出了两种算法的解的估计,其中,基于迭代最小二乘算法的结果是从 100 次迭代过程中的挑选出来的最优解;基于 NSGA-Ⅱ 算法的结果是从 Pareto 最优解集中挑选出来的一组 Pareto 最优解。从表中可以看出,基于迭代最小二乘算法的标定参数估计结果是不可信的,因为传感器中偏振片的安装误差角均是小角度,不会大于 4°。

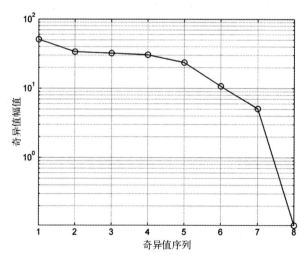

图 5.8　基于迭代最小二乘算法的系统矩阵的奇异值曲线

表 5.6　迭代最小二乘法在不同迭代次数下的残差统计结果

迭代次数	AOP RMSE/(°)	DOP SD/%
0	0.59	0.99
1	0.69	6.76
5	0.20	1.70
20	0.19	1.46
100	0.21	3.41

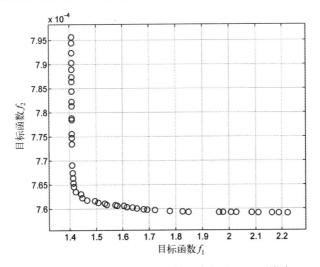

图 5.9　基于 NAGA-Ⅱ 标定算法求解的 Pareto 前端

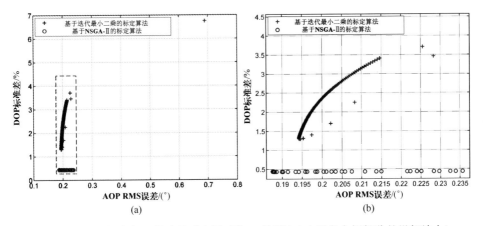

(a)

(b)

图 5.10　两种标定方法的残差对比图(图(b)是图(a)中黑色方框部分的局部放大)

(a) 全局图;(b) 局部图。

表 5.7　参数估计结果

	$\hat{\varepsilon}_1$	$\hat{\varepsilon}_2$	$\hat{\varepsilon}_3$	$\hat{\varepsilon}_4$	$\hat{\varepsilon}_5$	$\hat{\kappa}_1$	$\hat{\kappa}_2$	$\hat{\kappa}_3$
NSGA-II	0.09°	-1.73°	-1.50°	-0.63°	-1.36°	0.0190	-0.0012	-0.0240
迭代最小二乘	4.39°	2.55°	-1.38°	1.47°	0.81°	0.0248	0.0056	-0.0439

同时,为了评估标定方法的性能,重新启动设备后按照同样的方法重新采集数据,并将采集间隔由 10 个分度变为 30 个分度。分别利用两种方法的参数估计结果,计算传感器输出 AOP 误差和 DOP 数值(图 5.11)。从图中可以得

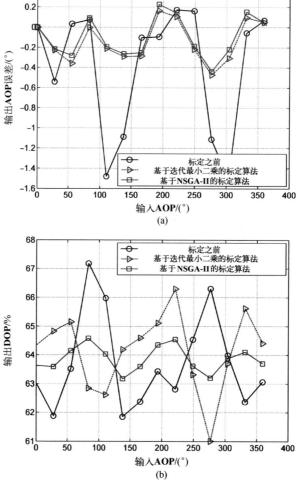

图 5.11　NSGA-II 法与 Iterative LS 法标定结果对比

(a) 两种方法的 AOP 误差对比;(b) 两种方法的 DOP 值对比。

出,尽管使用两种标定参数得到的 AOP 误差相差无几,但是根据迭代最小二乘算法估计的标定参数求得的 DOP 的最大幅值为 5.29%,这一数值甚至比标定之前的结果还要差。相比之下,根据 NSGA－Ⅱ算法估计的标定参数求得的 DOP 的最大幅值仅为 1.40%,明显优于另一算法。

本节给出了一个新的偏振光传感器标定方法,该方法将偏振光传感器的标定问题看作一个多目标优化问题,充分利用了标定过程中偏振度为一个常量的外部约束,在不需要增加任何外部参考信息的情况下,成功地将偏振光传感器标定的病态性问题转化为非病态性问题,使得标定过程稳定、标定结果可信。本节使用 NSGA－Ⅱ算法求解该多目标优化问题,仿真和实测实验同时证明了本文的标定方法相比传统的方法能够得到更加稳定和精确的标定结果。

5.3　载体航向角计算方法

 ### 5.3.1　偏振角计算方法

当前有关偏振光传感器的研究主要集中在偏振角的精确计算上,而忽视了偏振度的计算[49,66,69]。甚至有学者尝试通过某种数学方法,消除偏振度对偏振光传感器原始测量数据的影响[49,69]。本节首先从理论上证明了偏振度的大小与偏振角测量值精确性之间的关系,并提出了一种基于最小二乘的偏振角与偏振度计算方法,最后通过仿真与实测实验验证了方法的有效性。

5.3.1.1　偏振角与偏振度的关系

由偏振光传感器的结构及工作原理可知,现有的偏振光传感器由 3 个偏振对立单元组成,但传感器的偏振角 ϕ 与偏振度 d 的求解只需要两个偏振对立单元的测量数据即可求得唯一的解析解。所以,下面仅用两个偏振对立单元的测量信息计算偏振角与偏振度的值,并从数学上证明二者的关系。两偏振对立单元的输出可用下式表示[49],即

$$p_1(\phi) = \lg\left(\frac{1+d\cos(2\phi-2\beta_1)}{1-d\cos(2\phi-2\beta_1)}\right)$$

$$p_2(\phi) = \lg\left(\frac{1+d\cos(2\phi-2\beta_2)}{1-d\cos(2\phi-2\beta_2)}\right) \tag{5.39}$$

式中:$p_1(\phi)$ 和 $p_2(\phi)$ 分别为两个 POL-OP 单元在两个不同的安装方向 β_1 和 β_2 下对应的输出。为了去掉式(5.39)的对数运算,定义中间变量

$$\overline{p}(\phi) = \frac{1}{1+10^{p(\phi)}} \tag{5.40}$$

则式(5.39)变为

$$\tilde{p}_1(\phi) = 1-2\overline{p}_1(\phi) = d\cos(2\phi-2\beta_1)$$
$$\tilde{p}_2(\phi) = 1-2\overline{p}_2(\phi) = d\cos(2\phi-2\beta_2) \tag{5.41}$$

展开式(5.41)等号右边的三角函数,并令 $U = d\sin(2\phi)$, $Q = d\cos(2\phi)$,得到

$$Q\cos(2\beta_1) + U\sin(2\beta_1) = \tilde{p}_1(\phi)$$
$$Q\cos(2\beta_2) + U\sin(2\beta_2) = \tilde{p}_2(\phi) \tag{5.42}$$

求解方程组可得

$$Q = a_1\tilde{p}_1(\phi) + a_2\tilde{p}_2(\phi)$$
$$U = a_3\tilde{p}_1(\phi) + a_4\tilde{p}_2(\phi) \tag{5.43}$$

其中

$$a_1 = -\frac{\sin(2\beta_2)}{\sin(2\beta_1-2\beta_2)}, \quad a_2 = \frac{\sin(2\beta_1)}{\sin(2\beta_1-2\beta_2)}$$

$$a_3 = \frac{\cos(2\beta_2)}{\sin(2\beta_1-2\beta_2)}, \quad a_4 = -\frac{\cos(2\beta_1)}{\sin(2\beta_1-2\beta_2)}$$

则可求得偏振度与偏振角为

$$d = \sqrt{Q^2+U^2} \tag{5.44}$$

$$\phi = \frac{1}{2}\arctan\frac{U}{Q} \tag{5.45}$$

式(5.45)两边进行变分运算可以得到

$$\delta\phi = \frac{-U}{2(Q^2+U^2)}\delta Q + \frac{Q}{2(Q^2+U^2)}\delta U \tag{5.46}$$

将 $U = d\sin(2\phi)$, $Q = d\cos(2\phi)$,式(5.43)和式(5.44)代入式(5.46)中,可以得到

$$\delta\phi = \frac{\cos(2\beta_2-2\phi)}{2d \cdot \sin(2\beta_1-2\beta_2)}\delta\tilde{p}_1 + \frac{-\cos(2\beta_1-2\phi)}{2d \cdot \sin(2\beta_1-2\beta_2)}\delta\tilde{p}_2 \tag{5.47}$$

由式(5.47)可知,对于一个给定的偏振角 ϕ 输入,$\delta\tilde{p}_1$ 和 $\delta\tilde{p}_2$ 系数的幅值关于偏振度 d 都是单调递减的。也就是说,在其他条件不变的情况下,一个较小的偏振度,将会导致一个较差的偏振角测量值。因此,偏振度是一个能够指示偏振角测量精度的重要参数,需要在偏振角的测量过程中精确计算。

5.3.1.2 基于最小二乘的偏振角计算方法

上文中已经提到,偏振光传感器一般由 3 个 POL-OP 单元构成,其输出可

由下式表示为

$$p_i(\phi) = \lg\left(\frac{1+d\cos\left(2\phi-\frac{2\pi}{3}(i-1)\right)}{1-d\cos\left(2\phi-\frac{2\pi}{3}(i-1)\right)}\right), \quad i=1,2,3 \tag{5.48}$$

基于前面的结论,重写式(5.42)可以得到式(5.48)的变换形式为

$$Q\cos(2\beta_i) + U\sin(2\beta_i) = \widetilde{p}_i(\phi), \quad i=1,2,3 \tag{5.49}$$

其中,$\beta_1 = 0°$,$\beta_2 = 60°$,$\beta_3 = 120°$。进一步将式(5.49)写成矩阵的形式可得

$$AX = b \tag{5.50}$$

其中

$$A = \begin{bmatrix} 0 & 1 \\ \dfrac{\sqrt{3}}{2} & -\dfrac{1}{2} \\ -\dfrac{\sqrt{3}}{2} & -\dfrac{1}{2} \end{bmatrix}$$

$$X = \begin{bmatrix} U & Q \end{bmatrix}^T$$

$$b = \begin{bmatrix} \widetilde{p}_1(\phi) & \widetilde{p}_2(\phi) & \widetilde{p}_3(\phi) \end{bmatrix}^T$$

显然,式(5.50)是一个超定方程,可以采用标准的最小二乘法(Least-squares, LS)求解,即

$$X_{LS} = (A^TA)^{-1}A^Tb \tag{5.51}$$

也就是

$$U = d\sin(2\phi) = \sqrt{3}/3\,\widetilde{p}_2 - \sqrt{3}/3\,\widetilde{p}_3$$
$$Q = d\cos(2\phi) = 2/3\,\widetilde{p}_1 - 1/3\,\widetilde{p}_2 - 1/3\,\widetilde{p}_3 \tag{5.52}$$

将式(5.52)代入式(5.44)可以得到

$$d = \sqrt{Q^2+U^2} = \frac{2}{3}\sqrt{\widetilde{p}_1^2+\widetilde{p}_2^2+\widetilde{p}_3^2-\widetilde{p}_1\widetilde{p}_2-\widetilde{p}_1\widetilde{p}_3-\widetilde{p}_2\widetilde{p}_3} \tag{5.53}$$

$$\sin(2\phi) = \frac{2\tan\phi}{1+\tan^2\phi} = \frac{U}{d} \tag{5.54}$$

$$\cos(2\phi) = \frac{1-\tan^2\phi}{1+\tan^2\phi} = \frac{Q}{d} \tag{5.55}$$

根据式(5.55)可以得到$\tan^2\phi = \dfrac{d-Q}{d+Q}$,代入式(5.54)即可得到偏振角的计算结果为

$$\phi = \arctan\left(\frac{U}{d+Q}\right) \tag{5.56}$$

因为 ϕ 的取值具有 180°的模糊度,将 ϕ 的取值范围映射到 0°～180°可进一步得到

$$\phi = \begin{cases} \dfrac{\pi}{2}, & (U=0) \cap (Q<0) \\[2mm] \arctan\left(\dfrac{U}{d+Q}\right), & ((U=0) \cap (Q>0)) \cup (U>0) \\[2mm] \arctan\left(\dfrac{U}{d+Q}\right)+\pi, & 其他 \end{cases} \tag{5.57}$$

当测量数据的信噪比较低时,为了减小测量噪声的影响,可以采集 n 组测量数据之后,再利用最小二乘算法一次求取。为了与前面的 LS 法相区别,称这种方法为 LS-n 方法。该方法的求解结果为

$$\hat{U} = \sqrt{3}/3E(\tilde{p}_2) - \sqrt{3}/3E(\tilde{p}_3)$$
$$\hat{Q} = 2/3E(\tilde{p}_1) - 1/3E(\tilde{p}_2) - 1/3E(\tilde{p}_3) \tag{5.58}$$

式中:$E(\bullet)$ 为取均值函数。

5.3.1.3 实验分析与验证

1. 仿真实验验证

这里,采用仿真实验对所提出的 LS 和 LS-n 算法进行评估,并将其性能与 Lambrinos[49] 和 Zhao[69] 的方法进行对比。为了评估测量噪声对参数估计的影响,对偏振光传感器中的 3 个 POL-OP 单元的输出测量值添加了零均值的高斯白噪声,这些噪声通过 Matlab 函数 awgn 生成。仿真实验中,噪声的标准差 σ 分别被设置为 5mV、10mV 和 15mV。同时,评估了算法在 3 个不同偏振度取值条件下的性能。在仿真中,各类算法的性能通过 Monte Carlo 仿真进行对比验证。使用最大绝对误差 MAE 和均方根误差 RMSE 两个性能指标来评价标定方法的性能,定义为

$$\text{MAE} = \max(|\phi_{\text{meas}}(i) - \phi_{\text{theo}}(i)|) \quad i = 1, 2, \cdots, N \tag{5.59}$$

$$\text{RMSE} = \sqrt{\frac{1}{N}\sum_{i=1}^{N}(\phi_{\text{meas}}(i) - \phi_{\text{theo}}(i))^2} \tag{5.60}$$

式中:$\max(\bullet)$ 为取最大值函数;ϕ_{meas} 和 ϕ_{theo} 分别为偏振角的测量值和理论值。偏振度也按照同样的方法进行评估。

首先,对 4 种算法的运算量进行评估,常数之间的运算不包括在内。表 5.8 给出了 4 种算法运算复杂度的对比结果,其中 n 表示 LS-n 算法一次运算所采

集测量数据的组数,在以下实验中,$n=10$。4 种算法进行一次解算所需的时间如表 5.9 所列。时间统计通过一台普通的工作计算机完成,该计算机使用 Intel Core 2.93GHz 的处理器,最终结果是 500 次运算的平均耗时。结合表 5.8 和表 5.9 可知,本节提出的 LS 算法的计算效率优于 Zhao 的算法,因为 LS-n 算法需要执行期望运算,计算效率相比其他 3 种算法要低一些,但是执行一次解算的平均耗时也仅为 63.30μs,这在实际应用中是完全可以接受的。值得注意的是,Zhao 的算法中没有给出偏振度 DOP 的计算方法。

表 5.8　4 种算法的运算复杂度统计

算法	指数	平方根	加/减	乘/除	三角函数	反三角函数	条件语句
Lambrinos	3	0	8	11	1	1	8
Zhao	3	0	13	15	0	3	6
LS	3	1	11	14	0	1	2
LS-n	3n	1	6n+5	3n+14	0	1	2

表 5.9　4 种算法运算速度统计

算法	平均时间/μs
Lambrinos	5.66
Zhao	10.95
LS	10.45
LS-n	63.30

其次,仿真实验对 4 种算法的计算精度进行详细的评估,实验结果如表 5.10 和表 5.11 所列。结合表 5.10 和表 5.11,可以得到以下几点结论。

(1) 在某一个确定的噪声水平,4 种算法 AOP 和 DOP 的计算误差都会随着 DOP 的减小而增大;其中,对 AOP 计算精度的影响要大于对 DOP 的计算。

(2) 4 种算法对噪声都是敏感的,随着噪声的增大,4 种算法的计算精度均会降低。

(3) 对于 AOP 的计算,LS 法稍优于 Zhao 的方法,这 2 种方法都优于 Lambrinos 的方法;对于 DOP 的计算,LS 法优于 Lambrinos 的方法。

(4) 因为 LS-n 法充分利用 10 组测量数据求解 AOP 和 DOP,计算精度明显优于其他方法,即使在较大的噪声水平和较小的 DOP 情况下,也能取得可信的计算结果。

表 5.10　4 种算法在不同偏振度情况下的计算精度统计

DOP	算　法	ϕ		d	
		MAE/(°)	RMSE/(°)	MAE/%	RMSE/%
10%	Lambrinos	19.20	3.83	6.17	1.32
	Zhao	12.91	2.93	*	*
	LS	11.45	2.70	3.86	0.93
	LS-n	3.54	0.85	1.23	0.29
50%	Lambrinos	3.06	0.69	5.71	1.13
	Zhao	2.48	0.57	*	*
	LS	2.11	0.51	3.19	0.77
	LS-n	0.67	0.16	1.01	0.24
100%	Lambrinos	1.32	0.27	4.44	0.66
	Zhao	1.22	0.26	*	*
	LS	0.89	0.21	1.56	0.33
	LS-n	0.28	0.07	0.49	0.11

注:仿真实验中,噪声标准差为 10mV;符号"＊"表示 Zhao 的方法没有给出 DOP 的求解结果

表 5.11　4 种算法在不同测量噪声情况下的计算精度统计

测量噪声	算　法	ϕ		d	
		MAE/(°)	RMSE/(°)	MAE/%	RMSE/%
5mV	Lambrinos	1.21	0.28	2.75	0.52
	Zhao	1.02	0.23	*	*
	LS	0.85	0.21	1.44	0.35
	LS-n	0.27	0.06	0.45	0.11
10mV	Lambrinos	2.43	0.55	5.47	1.04
	Zhao	2.05	0.47	*	*
	LS	1.71	0.41	2.86	0.69
	LS-n	0.54	0.13	0.91	0.22
15mV	Lambrinos	3.63	0.83	8.24	1.56
	Zhao	3.09	0.70	*	*
	LS	2.55	0.62	4.30	1.04
	LS-n	0.81	0.19	1.36	0.33

注:仿真实验中,DOP 的取值为 60%;符号"＊"表示 Zhao 的方法没有给出 DOP 的求解结果

2. 实测实验验证

偏振光传感器的测试系统主要由偏振光传感器、高精度转台、电池和数据采集笔记本构成,实物和安装如图 5.12 所示。分别在两种不同的天气条件下进行了户外测试实验,其中,第一组实验为多云天,第二组实验为晴朗无云天空。在实验过程中,我们首先将偏振光传感器固定在一个高精度的转台上,这个高精度转台为一个多齿分度台,转台的重复定位角精度可达 0.001°。顺时针旋转转台一周,其间每隔 9°固定转台静态采集数据大约 3s。两组实验均在 3min 之内完成数据的采集。

图 5.12　偏振光传感器实验设备

同样,利用采集的两组数据对 4 种算法进行了性能评估。两组实验的实验结果分别如图 5.13 和图 5.14 所示。由图可以看出,基于 LS 的方法,AOP 误差的幅值相比其他两种算法要小;DOP 的变化幅值相比 Lambrinos 算法要小。

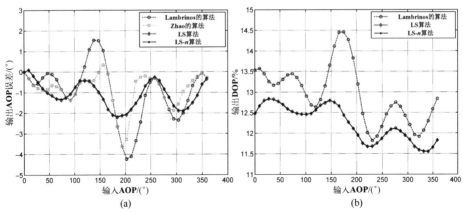

图 5.13　多云天情况下 4 种算法计算精度比较统计

(a) AOP 计算精度比较;(b) DOP 计算精度比较。

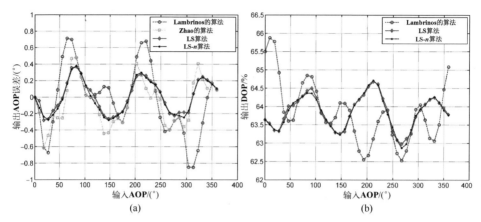

图 5.14 晴朗无云天情况下 4 种算法计算精度比较统计

(a) AOP 计算精度比较;(b) DOP 计算精度比较。

小型化和集成化是未来偏振光传感器的发展趋势,传感器输出 AOP 和 DOP 的计算效率将会成为一个重要的考虑因素。以一个 50×50 的偏振光传感器阵列为例,应用本节提出的 LS 方法,一次计算需要耗时 50×50× 10.45μs = 26.125ms。理论和仿真实验均证明,LS 算法的计算效率优于 Zhao 算法,并且 Zhao 的算法并未给出 DOP 的求解过程。由 5.1.2 节可知,偏振光传感器由 3 个 POL-OP 单元构成,但是 Lambrinos 和 Zhao 的算法在传感器信息处理过程中,每次只使用其中两个 POL-OP 单元进行解算。本节提出的 LS 算法充分利用了 3 个 POL-OP 单元的测量数据,计算精度明显优于其他两种算法。

一阶 Rayleigh 散射模型是利用大气偏振样式进行定向的理论基础。然而,天空云的存在会使 AOP 测量值与理论值间存在较大差异,同时导致一个很小的 DOP 测量值[57,202,203]。更重要的是,天空中的云是在不断发生变化的。在我们的第一组实验中,由于天空云的存在,DOP 的测量值低于 15%,同时,4 种算法 AOP 的计算误差的幅值均大于 2°(图 5.13(a)),其中,AOP 计算误差的最大幅值近 6°(图 5.13(a))。相比之下,第二组实验中,DOP 的测量值高于 60%,同时,4 种算法 AOP 的计算误差的幅值均小于 1.8°(图 5.14(a)),其中,AOP 计算误差的最小幅值优于 0.8°(图 5.14(a))。DOP 的大小对于判断 AOP 的测量结果能否用于定向是一个非常重要的参数[83],因此,偏振光传感器中高精度的计算 DOP 是必要的。

▶▶ 5.3.2　航向角计算方法

偏振光传感器并不能直接输出载体的航向角,其测量得到的是偏振光传感器 0° 参考方向与入射偏振光最大 $\boldsymbol{E}$ 矢量振动方向之间的夹角。本节将以一阶 Rayleigh 散射模型为理论基础,给出根据传感器输出偏振角求解载体航向角的计算方法[82,219]。

本文中,定义导航系(n 系)为北东地地理坐标系、载体系(b 系)对应为前右下坐标系,γ、ψ、θ 分别为载体的横滚角、航向角和俯仰角。由于传感器总是对天观测,所以定义传感器系(m 系)为前左上坐标系,假设 m 系的坐标轴与载体系相互平行,则 m 系与 b 系的转换关系可写为

$$\boldsymbol{C}_b^m = \begin{bmatrix} 1 & 0 & 0 \\ 0 & -1 & 0 \\ 0 & 0 & -1 \end{bmatrix} \tag{5.61}$$

太阳视线方向的单位矢量在 n 系下的投影可表示为

$$\boldsymbol{a}_s^n = \begin{bmatrix} \cos h_s \cos\alpha_s & -\cos h_s \sin\alpha_s & -\sin h_s \end{bmatrix}^\mathrm{T} \tag{5.62}$$

式中:α_s 和 h_s 分别为太阳的方位角和高度角。通过坐标系间的转换关系,可以得到太阳视线方向的单位矢量 $\boldsymbol{a}_s^n$ 在 m 系下的投影为

$$\boldsymbol{a}_s^m = \boldsymbol{C}_b^m \boldsymbol{C}_n^b \boldsymbol{a}_s^n \tag{5.63}$$

入射偏振光最大 $\boldsymbol{E}$ 矢量方向在 m 系中的投影可表示为

$$\boldsymbol{a}_p^m = \begin{bmatrix} \cos\phi & \sin\phi & 0 \end{bmatrix}^\mathrm{T} \tag{5.64}$$

另外,视线单位矢量在 m 系中的投影为

$$\boldsymbol{a}_l^m = \begin{bmatrix} 0 & 0 & 1 \end{bmatrix}^\mathrm{T} \tag{5.65}$$

根据一阶 Rayleigh 散射模型,入射偏振光最大 $\boldsymbol{E}$ 矢量方向垂直于由观测者、观测点及太阳所构成的散射平面,从而,m 系中 3 个单位矢量有如下关系,即

$$\boldsymbol{a}_p^m = k\boldsymbol{a}_l^m \times \boldsymbol{a}_s^m \tag{5.66}$$

式中:k 为一个常数。将式(5.61)~式(5.65)代入式(5.66)中,可化简为

$$\frac{\cos\phi}{\sin\phi} = \frac{\sin\gamma\sin\theta\cos(\psi+\alpha_s) - \cos\gamma\sin(\psi+\alpha_s) - \sin\gamma\cos\theta\tan h_s}{\cos\theta\cos(\psi+\alpha_s) + \sin\theta\tan h_s} \tag{5.67}$$

求解式(5.67),可得

$$\psi = \arcsin\left(\frac{-C}{\sqrt{A^2+B^2}}\right) - D - \alpha_s$$

或

$$\tag{5.68}$$

$$\psi = \pi - \arcsin\left(\frac{-C}{\sqrt{A^2+B^2}}\right) - D - \alpha_s$$

其中

$$A = \cot\phi\cos\theta - \sin\gamma\sin\theta$$
$$B = \cos\gamma$$
$$C = (\cot\phi\sin\theta + \sin\gamma\cos\theta)\tan h_s$$
$$D = \arctan2(A, B)$$

5.4　偏振光定向误差分析与实验验证

▶ 5.4.1　定向误差分析

为了提高利用天空偏振光求解载体航向的精度,有必要深入分析和研究偏振光定向的误差机理和构成。通过 4.1.3 节和 5.3.2 节的研究发现,载体航向角的计算误差不仅与大气散射模型误差有关,还与太阳的位置误差、偏振角的测量误差和载体的水平角误差有关[82]。综合考虑这些误差,可以得到利用天空偏振光估算载体航向角的误差函数为

$$\delta\psi = \frac{\partial\psi}{\partial\alpha_s}\delta\alpha_s + \frac{\partial\psi}{\partial h_s}\delta h_s + \frac{\partial\psi}{\partial\theta}\delta\theta + \frac{\partial\psi}{\partial\gamma}\delta\gamma + \frac{\partial\psi}{\partial\phi}\delta\phi \tag{5.69}$$

其中

$$\delta\phi = \delta\phi_m + \delta\phi_d + \delta\phi_R \tag{5.70}$$

式中:$\delta\alpha_s$、δh_s 分别为太阳的方位角和高度角误差;$\delta\theta$、$\delta\gamma$ 分别为载体的俯仰角和横滚角误差;$\delta\phi$ 为偏振角误差;$\delta\phi_m$ 为偏振光传感器的偏振角测量误差;$\delta\phi_d$ 为载体动态性误差;$\delta\phi_R$ 为大气散射模型误差。

5.4.1.1　太阳位置误差

太阳的位置误差包括太阳的方位角误差 $\delta\alpha_s$ 和高度角误差 δh_s,由式(5.68)可得

$$\frac{\partial\psi}{\partial\alpha_s} = -1 \tag{5.71}$$

$$\frac{\partial\psi}{\partial h_s} = -\frac{(\cot\phi\sin\theta + \sin\gamma\cos\theta)\sin h_s}{(\cos h_s)^3\sqrt{A^2 + B^2 - C^2}} \tag{5.72}$$

在本文的应用背景中,载体的水平姿态角均为小角度($\theta \leqslant 20°$,$\gamma \leqslant 20°$),因此,式(5.72)可以简化为

$$\frac{\partial\psi}{\partial h_s} \approx -\frac{(\cot\phi \cdot \theta + \gamma)\sin h_s}{(\cos h_s)^3\sqrt{A^2 + B^2 - C^2}} \tag{5.73}$$

其中 $-\sin h_s/(\cos h_s)^3$ 为主导成分项。因此,由式(5.71)和式(5.73)可得到如下几点结论。

(1)太阳方位角误差会等量的传递给航向角的估计值。

(2)当太阳的高度角 $h_s = 0°$ 或者载体的水平角 $\theta = \gamma = 0°$ 时,太阳的高度角误差对航向角的估计值没有影响。

(3)当太阳的高度角 $h_s = 90°$ 时,太阳的高度角误差对航向角的估计值的影响为无穷大。

(4)在其他条件不变的情况下,太阳的高度角越大,太阳高度角误差对航向角估计值的影响越大。

(5)在其他条件不变的情况下,载体的水平角越大,太阳高度角误差对航向角估计值的影响也越大。

关于太阳位置计算方法的文献很多[209,220-224]。其中,Michalsky 的方法以快速性著称,方法精度为 $0.011°$[224];Blanco Muriiel 提出的太阳位置计算的 PSA 算法,精度可达 $0.008°$[220];2008 年,Roberto Grena 提出的一种太阳位置计算方法精度可达 $0.0027°$,文中指出,该算法不仅计算精度高,同时计算代价与常规的快速算法是相当的[209]。

利用 Roberto Grena 的太阳位置计算方法,当载体水平角 $\theta = \gamma = 20°$,太阳高度角 $h_s = 50°$ 时,$\partial \psi/\partial h_s \leqslant 2$,则太阳位置误差对航向角的估计值的影响不超过 $0.01°$。因此,现有算法关于太阳位置计算的精度高,在载体水平角和太阳高度角都较小的情况下,太阳位置误差对航向角估计值的影响非常小。

5.4.1.2 水平角误差

载体的水平角误差包括俯仰角误差 $\delta\theta$ 和横滚角误差 $\delta\gamma$,同样,由航向角的求解式(5.68)可得

$$\frac{\partial \psi}{\partial \theta} \approx -\frac{\cot\phi\tan h_s}{\sqrt{A^2+B^2-C^2}} \tag{5.74}$$

$$\frac{\partial \psi}{\partial \gamma} \approx -\frac{\tan h_s}{\sqrt{A^2+B^2-C^2}} \tag{5.75}$$

式中:$\tan h_s$ 为两个式子的主导成分项。因此,由式(5.74)和式(5.75)可以得到如下几点结论。

(1)当太阳的高度角 $h_s = 0$ 时,载体的水平角误差对航向角估计值的影响很小。

(2)当太阳的高度角 $h_s = 90°$ 时,载体的水平角误差对航向角估计值的影响为无穷大。

（3）在载体的水平角为小角度（$\theta \leqslant 20°$，$\gamma \leqslant 20°$）的情况下，太阳的高度角越大，载体的俯仰角误差对航向角估计值的影响越大。

（4）在载体的水平角为小角度（$\theta \leqslant 20°$，$\gamma \leqslant 20°$）的情况下，太阳的高度角越大，载体的横滚角误差对航向角估计值的影响也越大。

当载体水平角 $\theta = \gamma = 20°$，太阳高度角 $h_s = 20°$ 时，$\partial \psi / \partial \theta \leqslant 0.4$，$\partial \psi / \partial \gamma \leqslant 0.4$；当载体水平角 $\theta = \gamma = 20°$，太阳高度角 $h_s = 50°$ 时，$\partial \psi / \partial \theta \leqslant 1.5$，$\partial \psi / \partial \gamma \leqslant 1.5$。下文实验中，我们使用的 MTI-700 微惯性器件的动态水平角精度为 $0.3°$，因此，当 $\theta \leqslant 20°$，$\gamma \leqslant 20°$，$h_s = 20°$ 时，水平角误差对航向角估计值的影响小于 $0.24°$；当 $\theta \leqslant 20°$，$\gamma \leqslant 20°$，$h_s = 50°$ 时，水平角误差对航向角估计值的影响小于 $0.9°$。

5.4.1.3 偏振角误差

偏振角误差主要包括 3 个方面的内容：传感器测量误差 $\delta\phi_m$、载体动态性误差 $\delta\phi_d$ 以及大气散射模型误差 $\delta\phi_R$。首先，同样由航向角求解式（5.68）可得

$$\frac{\partial \psi}{\partial \phi} \approx \frac{A \cdot C \cdot (\csc\phi)^2}{(A^2 + B^2)\sqrt{A^2 + B^2 - C^2}} + \frac{\theta \cdot (\csc\phi)^2 \tan h_s}{\sqrt{A^2 + B^2 - C^2}} + 1 \tag{5.76}$$

当载体的水平角较小，且太阳高度角也比较小时，$\partial \psi / \partial \phi \approx 1$；当太阳高度角较大时，$\tan h_s$ 成为等式右边的主导成分。因此，由式（5.76）可以得到如下结论。

（1）在载体的水平角为小角度（$\theta \leqslant 20°$，$\gamma \leqslant 20°$）、太阳高度角较小（$h_s \leqslant 20°$）的情况下，偏振角误差会等量的传递给航向角的估计值。

（2）当太阳高度角较大时，偏振角误差大对航向角估计值影响较大。

当载体水平角 $\theta = \gamma = 20°$，太阳高度角 $h_s = 20°$ 时，$\partial \psi / \partial \phi \approx 1$；当载体水平角 $\theta = \gamma = 20°$，太阳高度角 $h_s = 50°$ 时，$\partial \psi / \partial \phi \approx 1.4$。

偏振角误差中的 3 个组成成分 $\delta\phi_m$、$\delta\phi_d$ 和 $\delta\phi_R$ 的误差量级如下。

（1）传感器测量误差 $\delta\phi_m$。由 5.2.3.3 节可知，本文使用的偏振光传感器经过标定之后的测量误差能够控制在 $0.3°$ 以内。

（2）载体动态性误差 $\delta\phi_d$。本文使用的偏振光传感器的底层数据采样频率为 500Hz。载体动态性误差指的是载体的角运动过大对航向角估计值的影响。当载体的角运动小于 $10(°)/s$ 时，载体的动态对航向角估计值的影响在 $0.02°$ 以内。

（3）大气散射模型误差 $\delta\phi_R$。由 4.1.3 节可知，大气散射模型误差与偏振度的大小有关。如果选择性的使用天空偏振度较大区域的偏振光信息进行导航定向，偏振角的大气散射模型误差可以控制在 $1.5°$ 的水平。

综上所述，使用本文的偏振光传感器和 MTI-700 微惯性器件：

（1）当 $\theta \le 20°, \gamma \le 20°, h_s \le 20°$ 时，有

$$\delta\psi = \frac{\partial\psi}{\partial\alpha_s}\delta\alpha_s + \frac{\partial\psi}{\partial h_s}\delta h_s + \frac{\partial\psi}{\partial\theta}\delta\theta + \frac{\partial\psi}{\partial\gamma}\delta\gamma + \frac{\partial\psi}{\partial\phi}\delta\phi$$

$$\approx \frac{\partial\psi}{\partial\theta}\delta\theta + \frac{\partial\psi}{\partial\gamma}\delta\gamma + \frac{\partial\psi}{\partial\phi}(\delta\phi_m + \delta\phi_d + \delta\phi_R) \qquad (5.77)$$

$$\le 0.4 \times 0.3° + 0.4 \times 0.3° + 1 \times (0.3° + 0.02° + 1.5°)$$

$$= 2.06°$$

（2）当 $\theta \le 20°, \gamma \le 20°, h_s \le 50°$ 时，有

$$\delta\psi = \frac{\partial\psi}{\partial\alpha_s}\delta\alpha_s + \frac{\partial\psi}{\partial h_s}\delta h_s + \frac{\partial\psi}{\partial\theta}\delta\theta + \frac{\partial\psi}{\partial\gamma}\delta\gamma + \frac{\partial\psi}{\partial\phi}\delta\phi$$

$$= \frac{\partial\psi}{\partial\alpha_s}\delta\alpha_s + \frac{\partial\psi}{\partial h_s}\delta h_s + \frac{\partial\psi}{\partial\theta}\delta\theta + \frac{\partial\psi}{\partial\gamma}\delta\gamma + \frac{\partial\psi}{\partial\phi}(\delta\phi_m + \delta\phi_d + \delta\phi_R) \qquad (5.78)$$

$$\le 0.01° + 1.5 \times 0.3° + 1.5 \times 0.3° + 1.4 \times (0.3° + 0.02° + 1.5°)$$

$$= 3.46°$$

从而可以得到以下几点重要结论：大气散射模型误差为航向角估计误差中的最大误差项；较大的太阳高度角对航向角估计精度的影响非常大。因此，为了更好地利用偏振光传感器辅助定向，我们应该在晴朗天空条件下、在载体水平角较小且太阳高度角较小的情况下，选择性的使用偏振光传感器的定向结果。

与此同时，为了提高偏振光传感器的定向精度，除了研究大气散射模型误差补偿方法，选择性地使用太阳高度角、载体水平角较小条件下的定向结果的途径之外，深入研究基于阵列式的偏振光传感器的定向方法也是一个极具价值的研究方向。阵列式偏振光传感器可以一次性测量天空不同方向的多个偏振光信息，通过数据融合技术可以有效地降低大气散射模型误差和太阳高度角对航向角估计精度的影响。

▶ 5.4.2　车载实验验证

以陆用车辆导航为实验背景，偏振光传感器通过测量天空偏振角样式，结合计算得到的太阳方位角、高度角和 MTI-700 提供的水平角信息，计算出车体与地理北向的夹角，即航向角。

车载定向系统主要由偏振光传感器和 MTI-700 组成，车载实验系统的组成如图 5.15 所示。另外，IMU 与 BD 接收机组成高精度的组合导航系统，用于为车载定向系统提供航向参考信息，以对其估计精度进行评估。车载定向导航系统的原理详见 5.3.2 节内容。

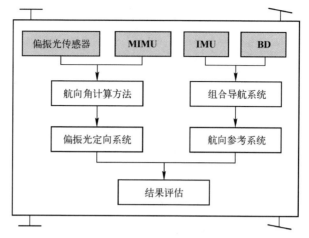

图 5.15　车载实验系统组成及原理示意图

车载实验的环境为普通的城市道路,为了测试传感器在航向角变化较大的情况下的性能,选择一个环形道路作为行驶路线,并连续绕该区域 3 圈,其运动轨迹如图 5.16 所示。偏振光传感器的输出频率是 10Hz,组合导航系统的输出频率是 100Hz,全程总共耗时约 270s。

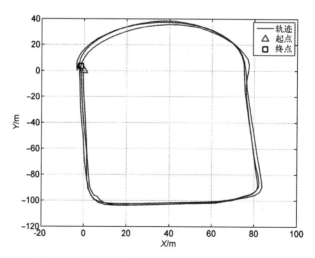

图 5.16　行驶轨迹(INS/BD 组合导航系统提供)

图 5.17 是太阳的方位角和高度角的计算结果,通过 Roberto Grena 的算法[209]精确计算。由图可知,在整个车载实验过程中太阳的方位角和高度角的变化大小分别为 0.8°和 0.7°,而且随时间的变化是近似线性的。

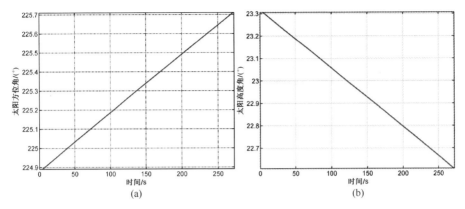

图 5.17 太阳位置计算结果

(a) 太阳方位角;(b) 太阳高度角。

图 5.18 是载体的水平角变化曲线。从图中可以看出,车体在行驶过程中水平角的变化范围较大,其中横滚角的变化幅度为 14°、俯仰角的变化幅度为 12°。由于偏振光传感器的安装是倾斜的,面向车头稍向上扬,使得俯仰角的最大值超过了-14°。由 5.3.2 节的分析已知,水平角越大,对航向角的计算精度的影响也越大。因此,在后续使用基于偏振光传感器估算的航向角信息时,需要根据水平角的数值大小,选择性的使用。

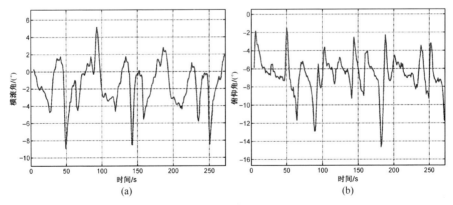

图 5.18 载体水平角计算结果

(a) 横滚角;(b) 俯仰角。

图 5.19 是偏振光传感器偏振角与偏振度的输出结果,利用 5.3.1.2 节提出的最小二乘法精确计算得到。因为实验中是连续绕一个环形区域 3 圈,所以从偏振角和偏振度的曲线图也可以看到 3 个周期。值得注意的是,图 5.19(a)中偏振度数据在 60s、150s 和 240s 附近出现短暂的急剧下降然后恢复的情况,而

且下降的值甚至低于5%。这是因为在行驶轨迹中坐标(45,-100)处,有一座横跨在道路上方的小型立交桥,对偏振光传感器的对天观测造成遮挡,引起了偏振度的急剧下降。这也导致基于偏振光传感器的航向角估计结果的误差急剧上升。如图5.20所示,图中"航向角参考基准"由INS/BD组合导航系统计算得到,系统定向精度优于0.01°;"航向角估计结果"为基于偏振光传感器估计得到的航向角,从图中可以看到,因为遮挡,航向角的估计误差甚至超过了50°。结果也进一步证明了4.1.3节和5.3.1节阐述的偏振度作为一个指示偏振光传感器测量偏振角精确程度的物理量的重要性。

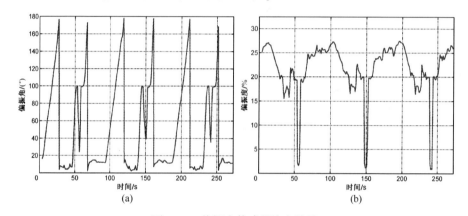

图5.19　偏振光传感器输出结果

(a)偏振角;(b)偏振度。

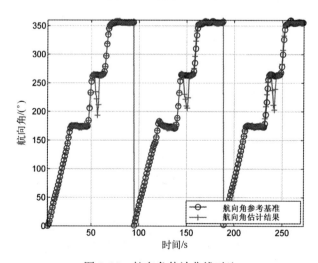

图5.20　航向角估计曲线对比

　　图 5.21 是在不同物理量辅助判断情况下航向角的误差曲线。误差的均值和标准差的统计结果如表 5.12 所列。其中,横滚角的辅助判断阈值设为 5°,俯仰角的辅助判断阈值设为 8°,以及偏振度的辅助判断阈值设为 10%。也就是说,当横滚角大于 5°,或者俯仰角大于 8°,或者偏振度低于 10% 时,认为基于偏振光传感器的航向角估计结果误差较大,放弃使用。从图 5.21 和表 5.12 中可以看出,不使用任何辅助判断信息得到的航向角估计误差很大,误差的标准差超过了 10°;使用偏振度作为辅助判断物理量后,去除了航向角估计误差中数值较大的情况;进一步结合水平角信息后,航向角误差均值和标准差分别为 −0.04° 和 1.55°,得到的航向角估计精度大幅提高。

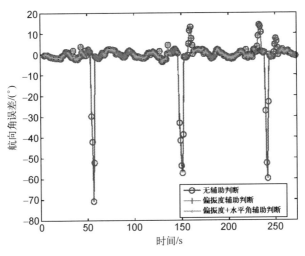

图 5.21　航向角估计误差对比

表 5.12　不同方法辅助后航向角估计误差统计

辅助判断方法	航向角误差/(°)		
	MEAN	SD	RMS
无	−1.81	10.45	10.59
偏振度	0.38	2.48	2.50
偏振度+水平角	−0.04	1.55	1.54

5.5　本章小结

　　本章简要介绍了仿生偏振光传感器的基本工作原理及误差模型,针对偏振光的定向问题,对偏振光传感器的标定、偏振角和航向角的计算方法进行了较深入地研究。研究发现,现有的标定方法是一个病态问题,无法得到正确、可信的标定结果。针对该问题,给出了基于 NSGA-Ⅱ 的偏振光传感器标定算法,该算法充分利用外部角度参考基准和偏振度常值约束,将传感器标定的病态性问题转化为非病态性问题,仿真和实测实验均证明该标定方法相比传统的方法能够得到更加精确和稳定的标定结果。

针对目前偏振光传感器偏振角计算方法对原始测量数据使用不充分,并且忽略偏振度计算的问题,给出了一个基于最小二乘法的偏振角和偏振度计算方法,同时从数学上严格证明了偏振角和偏振度之间的关系,明确指明了偏振度计算的重要性和必要性。仿真和实测实验同时证明了方法的快速性和精确性,以及偏振度能够指示偏振角计算精度的正确性和可行性。

最后,结合太阳的方位角、高度角、偏振角和水平角信息,给出了基于偏振光传感器的航向角估计算法,并设计了车载实验验证算法的性能。偏振光传感器安装在车体顶部,并以 INS/BD 组合导航系统输出的航向角作为参考进行评估。实验结果表明,在偏振度和水平角信息的辅助判断下,基于偏振光传感器的航向角估计的均方根误差为 1.54°,车载实验证明了文中算法和研究的正确性。

第 6 章　基于多传感器组合的仿生导航算法

　　本书第 2 章和第 3 章围绕仿生拓扑图的构建和拓扑空间仿生导航方法进行了深入探究,本书第 4 章和第 5 章围绕仿昆虫复眼的天空偏振光测量原理与航向确定方法进行了深入研究,两部分内容分别为载体远距离导航提供了有效的位置约束和航向约束。本章重点将上述两部分内容通过数据融合机制有效地结合起来,构建基于多传感器组合的仿生导航算法,并通过车载实验对相关方法的有效性进行综合验证。首先,介绍了视觉里程计的基本原理,结合基于偏振光传感器的定向系统提供的绝对航向信息,提出了欧几里得空间内基于偏振光/视觉的仿生导航算法。然后,在欧几里得空间仿生导航算法的基础上,结合拓扑空间中基于位置细胞模型的仿生导航算法,定义了欧几里得–拓扑混合空间地图,并提出了混合空间内基于偏振光/视觉的仿生导航算法。最后,用车载实验验证了本文提出的主要算法的有效性。

6.1　欧几里得空间内基于偏振光/视觉的仿生导航算法

▶ 6.1.1　视觉里程计的基本原理

　　立体视觉里程计是根据摄像机所采集的环境立体序列图像信息,得到载体运动过程中位移变化和姿态变化的过程。由于摄像机的运动,同一特征点在前后两个不同时刻各自摄像机坐标系下的三维坐标是会发生变化的(假定检测到的环境中的特征点是固定的),根据相对运动原理即可以得到摄像机的运动信息。移动载体的运动为刚性运动,并且与摄像机固连,因此,摄像机的坐标系和载体坐标系存在一个简单的线性关系,只需要从环境图像中得到摄像机坐标系下的运动信息,则根据图像坐标系到世界坐标系的变换公式就可以得到载体的运动估计结果。

6.1.1.1　摄像机模型

　　摄像机是视觉里程计中使用的、唯一的传感器,为了描述摄像机的光学成像过程,在计算机立体视觉系统中涉及到以下几种坐标系[225,226]。

（1）图像坐标系。图像坐标系的坐标原点$(0,0)$是摄像机光轴与图像平面的交点，x 轴平行于 CCD 图像平面水平向右，y 轴垂直于 x 轴向下。坐标用(x,y) 表示，一般以 mm 为单位。

（2）摄像机坐标系。以摄像机的光心为原点，X_c 轴、Y_c 轴分别平行于图像坐标系的 x 轴、y 轴，Z_c 轴为摄像机的光轴，垂直于图像平面，坐标系满足右手法则。光轴与成像平面的交点称为图像主点。场景点在摄像机坐标系下的三维坐标用(X_c,Y_c,Z_c)表示。

（3）世界坐标系。世界坐标系也称为绝对坐标系，是整个成像的基准坐标系，用于表示场景点的绝对坐标，场景点的三维坐标用(X_w,Y_w,Z_w)表示。

摄像机坐标系下的三维坐标 $\boldsymbol{X}_c = (X_c,Y_c,Z_c)^{\mathrm{T}}$ 所对应的图像坐标 $\tilde{\boldsymbol{x}} = (x,y,z)^{\mathrm{T}}$ 间的映射关系可以表示为[226]

$$\tilde{\boldsymbol{x}} = \boldsymbol{K} \cdot \boldsymbol{X}_c \tag{6.1}$$

其中

$$\boldsymbol{K} = \begin{bmatrix} f & 0 & p_x \\ 0 & f & p_y \\ 0 & 0 & 1 \end{bmatrix} \tag{6.2}$$

称为摄像机标定矩阵。f 为摄像机的焦距，(p_x,p_y) 为摄像机的主点（图 6.1）。

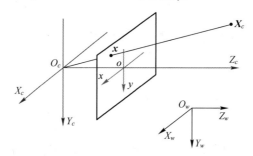

图 6.1　参考坐标系

为了在三维环境中描述摄像机和物体的位姿关系，可以选择一个基准坐标系，这就是上面介绍的世界坐标系。摄像机坐标系和世界坐标系之间的关系可以用单位正交旋转矩阵 $\boldsymbol{R}$ 与三维平移矢量 $\boldsymbol{t}$ 描述。因此，如果已知空间某点 P 在世界坐标系和摄像机坐标系下的坐标，两者之间的关系可通过下式相互转换，即

$$\boldsymbol{X}_c = \boldsymbol{R} \cdot \boldsymbol{X}_w + \boldsymbol{t} \tag{6.3}$$

式中：$\boldsymbol{X}_w = (X_w,Y_w,Z_w)^{\mathrm{T}}$ 为点 P 在世界坐标系下的坐标；$\boldsymbol{X}_c = (X_c,Y_c,Z_c)^{\mathrm{T}}$ 为点 P 在摄像机坐标系下的坐标。

结合式(6.1)和式(6.3),对于世界坐标系中的一个三维坐标点 $X_w = (X_w, Y_w, Z_w)^T$,映射到图像坐标系中,对应的坐标可由下式计算,即

$$\begin{bmatrix} x \\ y \\ z \end{bmatrix} = \mathbf{K} \cdot \begin{bmatrix} \mathbf{R} & \mathbf{t} \end{bmatrix} \cdot \begin{bmatrix} X_w \\ Y_w \\ Z_w \\ 1 \end{bmatrix} \tag{6.4}$$

可简写为

$$\tilde{\mathbf{x}} = \mathbf{P} \cdot \tilde{\mathbf{X}}_w \tag{6.5}$$

式中:$\mathbf{P} = \mathbf{K} \cdot \begin{bmatrix} \mathbf{R} | \mathbf{t} \end{bmatrix}$ 为一个 3×4 的映射矩阵。

6.1.1.2　视觉里程计

视觉运动感知的研究历史,可以追溯到 19 世纪 80 年代,Moravec[227] 利用一个可滑动的相机作为视觉信息输入,完成了机器人室内定位。随后,有学者提出了视觉里程计的概念,并设计了从特征提取、特征匹配与跟踪到运动估计的理论框架。该框架至今仍为大多数视觉里程计系统所用。随着科技的进步,相机成本越来越低,数字计算机能力越来越强,基于视觉的运动估计成为了当前的一个研究热点。

视觉里程计根据可以使用的相机的个数,分为单目视觉里程计和立体视觉里程计两种。双目立体视觉是模仿人类利用双眼分辨物体的远近形态,采用两台摄像机同时对同一景物从不同角度成像的视觉传感器。相对于单目视觉,双目立体视觉的环境和地形适应性更好,广泛运用于自主导航中[228-230]。

目前,关于视觉运动估计算法主要有 3 种,分别是 PTAM(Parallel Tracking and Mapping)[231]、LIBVISO(Library for Viusual Odometry)[230,232] 和 SVO(Semi-Direct Monocular Visual Odometry)[233]。其中,视觉里程计算法库(LIBVISO)由德国学者 Geiger 等人在 2011 年提出,该算法基于最小化匹配特征点的重投影误差估计摄像机的运动参数,算法计算效率高、通用型强。下文将以该算法为例,简要介绍双目视觉里程计的工作原理。

视觉里程计对载体的运动估计,就是不断地求取平移矢量 $\mathbf{t} = (t_X, t_Y, t_Z)^T$ 和旋转矩阵 $\mathbf{R}(\gamma, \theta, \psi)$ 的过程。其中,γ、θ 和 ψ 为欧拉角,分别表示横滚角、俯仰角和航向角,可由摄像机坐标系绕世界坐标系旋转得到。为方便起见,令 $\mathbf{r} = (\gamma, \theta, \psi)^T$,则旋转矩阵可简写为 $\mathbf{R}(\mathbf{r})$。在计算过程中,假设世界坐标系是在不断发生变化的,总是与上一时刻的左摄像机坐标系对齐。旋转矩阵 $\mathbf{R}(\mathbf{r})$ 的旋转顺序定义为

$$\mathbf{R}(\mathbf{r}) = \mathbf{R}_Z(\gamma) \cdot \mathbf{R}_X(\theta) \cdot \mathbf{R}_Y(\psi) \tag{6.6}$$

对于两个连续时刻匹配得到的同一个特征点(假定为环境中的某个固定点),在各自图像坐标系中位置的变化,是由摄像机的运动引起的。将上一时刻世界坐标系中特征点的位置 $\boldsymbol{X}_i = (X_i, Y_i, Z_i)^{\mathrm{T}}$ 应用平移矢量 $\boldsymbol{t} = (t_X, t_Y, t_Z)^{\mathrm{T}}$ 和旋转矩阵 $\boldsymbol{R}(\boldsymbol{r})$ 投影到当前时刻图像坐标系中,与特征点在当前时刻图像坐标系中的坐标会存在重投影误差。对于左摄像机,该重投影误差函数可写为

$$G(\boldsymbol{r},\boldsymbol{t}) = \left[\boldsymbol{g}_1(\boldsymbol{r},\boldsymbol{t})^{\mathrm{T}}, \boldsymbol{g}_2(\boldsymbol{r},\boldsymbol{t})^{\mathrm{T}}, \cdots, \boldsymbol{g}_N(\boldsymbol{r},\boldsymbol{t})^{\mathrm{T}}\right]^{\mathrm{T}} \tag{6.7}$$

其中

$$\boldsymbol{g}_i(\boldsymbol{r},\boldsymbol{t}) = \boldsymbol{x}_i^{(l)} - \boldsymbol{K} \cdot (\boldsymbol{R} \cdot \boldsymbol{X}_i + \boldsymbol{t}), \quad i = 1, 2, \cdots, N \tag{6.8}$$

同理,对于右摄像机,该重投影误差函数可写为

$$H(\boldsymbol{r},\boldsymbol{t}) = \left[\boldsymbol{h}_1(\boldsymbol{r},\boldsymbol{t})^{\mathrm{T}}, \boldsymbol{h}_2(\boldsymbol{r},\boldsymbol{t})^{\mathrm{T}}, \cdots, \boldsymbol{h}_N(\boldsymbol{r},\boldsymbol{t})^{\mathrm{T}}\right]^{\mathrm{T}} \tag{6.9}$$

其中

$$\boldsymbol{h}_i(\boldsymbol{r},\boldsymbol{t}) = \boldsymbol{x}_i^{(r)} - \boldsymbol{K} \cdot (\boldsymbol{R} \cdot \boldsymbol{X}_i + \boldsymbol{t} - (s \quad 0 \quad 0)^{\mathrm{T}}), \quad i = 1, 2, \cdots, N \tag{6.10}$$

式中: $\boldsymbol{x}_i^{(l)}, \boldsymbol{x}_i^{(r)} \in \mathbb{R}^2$ 分别为特征点在当前时刻左右摄像机图像坐标系中的坐标。以此投影误差建立优化目标函数为[230,232]

$$\min \quad f_1(\boldsymbol{r},\boldsymbol{t}) = \frac{1}{2}\|G(\boldsymbol{r},\boldsymbol{t})\|^2 + \frac{1}{2}\|H(\boldsymbol{r},\boldsymbol{t})\|^2$$
$$\text{s.t.} \quad \boldsymbol{R}(\boldsymbol{r}) \in SO(3), \quad \boldsymbol{r}, \boldsymbol{t} \in \mathbb{R}^{3 \times 1} \tag{6.11}$$

式中: s 为偏移量,对于左边摄像机的图像 $s = 0$,对于右边摄像机图像 s 为相机基线的长度。利用 Gauss-Newton 迭代法[234],即可求得平移矢量 $\boldsymbol{t} = (t_X, t_Y, t_Z)^{\mathrm{T}}$ 和旋转矩阵 $\boldsymbol{R}(\boldsymbol{r})$,如图 6.2 所示。

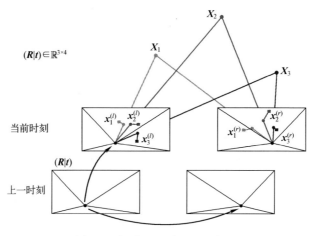

图 6.2 视觉里程计原理示意图

为方便起见,我们将摄像机在两个连续时刻 $k-1$ 和 k 时刻的旋转、平移变换用 $\boldsymbol{T}_{k,k-1}\in\mathbb{R}^{4\times4}$ 表示为

$$\boldsymbol{T}_{k,k-1}=\begin{bmatrix}\boldsymbol{R}_{k,k-1}&\boldsymbol{t}_{k,k-1}\\0&1\end{bmatrix} \tag{6.12}$$

则通过对优化目标函数式(6.11)的一系列求解,可以得到序列

$$\boldsymbol{T}_{1:n}=\{\boldsymbol{T}_{1,0},\cdots,\boldsymbol{T}_{n,n-1}\} \tag{6.13}$$

这个序列包含了从初始到现在所有连续的移动信息。可以看到,视觉里程计实际上是一个从初始状态不断递推的过程,因此,摄像机的位姿信息矩阵 $\boldsymbol{C}_n$ 可由式(6.13)递推计算得到

$$\boldsymbol{C}_n=\boldsymbol{T}_{n,n-1}\boldsymbol{C}_{n-1}=\boldsymbol{T}_{n,n-1}\boldsymbol{T}_{n-1,n-2}\cdots\boldsymbol{T}_{1,0}\boldsymbol{C}_0 \tag{6.14}$$

式中:$\boldsymbol{C}_0$ 为摄像机的初始位姿信息,可由使用者任意设置。

6.1.2　欧几里得空间仿生导航算法

传统的视觉导航算法存在误差易积累的问题,随着时间和位置的递推,视觉里程计的定位、定向误差均会逐渐增大,无法适用于地面无人载体长航时高精度导航需求[235]。因此,往往采用视觉里程计与其他传感器信息组合使用的策略,以抑制误差的发散[235-237]。由前文介绍可知,自然界中很多动物都能够利用天空偏振光进行定向,而且用偏振光辅助定向不存在积累误差的优势。如果将偏振光的定向结果辅助视觉里程计,将会有效地约束视觉里程计航向角的发散和定位误差的累积。然而,根据当前的研究现状,还未发现有类似的组合方法。正是基于以上分析,本文给出了一种欧几里得空间内偏振光/视觉的组合导航算法,结合式(6.11)重新建立了优化目标函数,即

$$\min\quad f_1(\boldsymbol{r},\boldsymbol{t})=\frac{1}{2}\|\boldsymbol{G}(\boldsymbol{r},\boldsymbol{t})\|^2+\frac{1}{2}\|\boldsymbol{H}(\boldsymbol{r},\boldsymbol{t})\|^2$$

$$\text{s. t.}\quad \psi-\psi_{(p)}=0,\quad \boldsymbol{r},\boldsymbol{t}\in\mathbb{R}^{3\times1},\quad \boldsymbol{R}(\boldsymbol{r})\in SO(3) \tag{6.15}$$

式中:ψ 为视觉里程计计算得到的航向角;$\psi_{(p)}$ 为基于偏振光传感器估计的航向角。$\psi_{(p)}$ 对航向角的约束,将式(6.11)中的无约束优化问题转化为等式约束的优化问题。乘子法是 Powell 和 Hestenes 于 1969 年专门针对等式约束优化问题同时独立提出的一种优化算法[238]。本文利用乘子法解决该优化问题,考虑增广目标函数为

$$\min\quad f_2(\boldsymbol{r},\boldsymbol{t},\lambda,\sigma)=\frac{1}{2}\|\boldsymbol{G}(\boldsymbol{r},\boldsymbol{t})\|^2+\frac{1}{2}\|\boldsymbol{H}(\boldsymbol{r},\boldsymbol{t})\|^2-\lambda(\psi-\psi_{(p)})+\frac{\sigma}{2}\|\psi-\psi_{(p)}\|^2$$

$$\text{s. t.}\quad \boldsymbol{r},\boldsymbol{t}\in\mathbb{R}^{3\times1},\quad \lambda,\sigma\in\mathbb{R},\quad \sigma>0,\quad \boldsymbol{R}(\boldsymbol{r})\in SO(3)$$

$$\tag{6.16}$$

式中:λ 为乘子;σ 为罚参数。利用乘子法求解有约束优化问题的一般思路是:首先固定一个乘子 $\lambda=\overline{\lambda}$ 和罚参数 $\sigma=\overline{\sigma}$,将问题转化为无约束子问题,并求解未知参数 $(\boldsymbol{r},\boldsymbol{t})$ 的极小值,然后再适当改变 λ 和 σ 的值,再求解新的未知参数,直到求得满足要求的解为止。具体地说,我们在第 k 次迭代时,求解的无约束子问题为

$$\min \quad f_2(\boldsymbol{r},\boldsymbol{t},\lambda_k,\sigma_k)=\frac{1}{2}\|\boldsymbol{G}(\boldsymbol{r},\boldsymbol{t})\|^2+\frac{1}{2}\|\boldsymbol{H}(\boldsymbol{r},\boldsymbol{t})\|^2-\lambda_k(\psi-\psi_{(p)})+\frac{\sigma_k}{2}\|\psi-\psi_{(p)}\|^2$$

$$\text{s.t.} \quad \boldsymbol{r},\boldsymbol{t}\in\mathbb{R}^{3\times1}, \quad \boldsymbol{R}(\boldsymbol{r})\in SO(3)$$

(6.17)

该无约束子问题可以用 Gauss-Newton 迭代法求解。对于式(6.17),首先求解无约束优化目标函数 $f_2(\boldsymbol{r},\boldsymbol{t})$ 的梯度,即

$$\nabla f_2(\boldsymbol{r},\boldsymbol{t})=\boldsymbol{J}_{(l)}(\boldsymbol{r},\boldsymbol{t})^{\mathrm{T}}\boldsymbol{G}(\boldsymbol{r},\boldsymbol{t})+\boldsymbol{J}_{(r)}(\boldsymbol{r},\boldsymbol{t})^{\mathrm{T}}\boldsymbol{H}(\boldsymbol{r},\boldsymbol{t})-$$
$$\lambda_k\cdot\boldsymbol{J}_{(p)}(\boldsymbol{r},\boldsymbol{t})^{\mathrm{T}}+\sigma_k\cdot\boldsymbol{J}_{(p)}(\boldsymbol{r},\boldsymbol{t})^{\mathrm{T}}\cdot(\psi-\psi_{(p)})$$

(6.18)

其中

$$\boldsymbol{J}_{(l)}(\boldsymbol{r},\boldsymbol{t})=(\nabla\boldsymbol{g}_1(\boldsymbol{r},\boldsymbol{t})^{\mathrm{T}},\nabla\boldsymbol{g}_2(\boldsymbol{r},\boldsymbol{t})^{\mathrm{T}},\cdots,\nabla\boldsymbol{g}_N(\boldsymbol{r},\boldsymbol{t})^{\mathrm{T}})^{\mathrm{T}} \tag{6.19}$$

$$\boldsymbol{J}_{(r)}(\boldsymbol{r},\boldsymbol{t})=(\nabla\boldsymbol{h}_1(\boldsymbol{r},\boldsymbol{t})^{\mathrm{T}},\nabla\boldsymbol{h}_2(\boldsymbol{r},\boldsymbol{t})^{\mathrm{T}},\cdots,\nabla\boldsymbol{h}_N(\boldsymbol{r},\boldsymbol{t})^{\mathrm{T}})^{\mathrm{T}} \tag{6.20}$$

$$\boldsymbol{J}_{(p)}(\boldsymbol{r},\boldsymbol{t})=\begin{bmatrix}0 & 0 & 1 & 0 & 0 & 0\end{bmatrix} \tag{6.21}$$

然后,求解无约束优化目标函数 $f_2(\boldsymbol{r},\boldsymbol{t})$ 的 Hesse 阵,并忽略 $\nabla^2\boldsymbol{g}_i(\boldsymbol{r},\boldsymbol{t})$ 和 $\nabla^2\boldsymbol{h}_i(\boldsymbol{r},\boldsymbol{t})$ 高阶项,可以得到

$$\nabla^2 f_2(\boldsymbol{r},\boldsymbol{t})\approx\boldsymbol{J}_{(l)}(\boldsymbol{r},\boldsymbol{t})^{\mathrm{T}}\boldsymbol{J}_{(l)}(\boldsymbol{r},\boldsymbol{t})+\boldsymbol{J}_{(r)}(\boldsymbol{r},\boldsymbol{t})^{\mathrm{T}}\boldsymbol{J}_{(r)}(\boldsymbol{r},\boldsymbol{t})+$$
$$\sigma_k\cdot\boldsymbol{J}_{(p)}(\boldsymbol{r},\boldsymbol{t})^{\mathrm{T}}\boldsymbol{J}_{(p)}(\boldsymbol{r},\boldsymbol{t})$$

(6.22)

根据 Gauss-Newton 迭代法的求解公式,可以得到第 j 次迭代结果为

$$\begin{bmatrix}\boldsymbol{r}_{j+1}\\\boldsymbol{t}_{j+1}\end{bmatrix}=\begin{bmatrix}\boldsymbol{r}_j\\\boldsymbol{t}_j\end{bmatrix}+d_j^{GN} \tag{6.23}$$

其中

$$d_j^{GN}=-(\nabla^2 f_2(\boldsymbol{r}_j,\boldsymbol{t}_j))^{-1}\nabla f_2(\boldsymbol{r}_j,\boldsymbol{t}_j) \tag{6.24}$$

$\boldsymbol{J}_{(l)}$ 和 $\boldsymbol{J}_{(r)}$ 为 Jacobian 矩阵,其表达式的推导见附录 C。在计算出新的 $(\boldsymbol{r}_{j+1},\boldsymbol{t}_{j+1})$ 后,判断是否停算;否则,更新乘子 λ_k 和罚参数 σ_k,并重新计算。具体计算过程描述如下。

(1) 选取初始值。给定 $\lambda_1\in\mathbb{R}$,$\sigma_1>0,0\leqslant\varepsilon\ll1,\mu\in(0,1),\eta>1$。利用标准的 LS 估计器获得初始值 $(\boldsymbol{r}_0,\boldsymbol{t}_0)$。令乘子法迭代次数 $k=1$。

(2) 求解无约束优化子问题式(6.17),利用 Gauss-Newton 迭代法迭代式(6.23)计算 $(\boldsymbol{r}_k,\boldsymbol{t}_k)$。

（3）检验乘子法终止条件。如果 $\|\psi_k - \psi_{(p)}\| \leqslant \varepsilon$ 或者 $k > k_{max}$，停止计算，并输出 (r_k, t_k)；否则，转到步骤（4）。

（4）更新罚参数，如果 $\|\psi_k - \psi_{(p)}\| \geqslant \mu \|\psi_{k-1} - \psi_{(p)}\|$，令 $\sigma_{k+1} = \eta\sigma_k$；否则，$\sigma_{k+1} = \sigma_k$。

（5）更新乘子，令 $\lambda_{k+1} = \lambda_k - \sigma_k\|\psi_k - \psi_{(p)}\|$。

（6）令 $k = k+1$，并转到步骤（2）。

6.2　混合空间内基于偏振光/视觉的仿生导航算法

载体导航定位按照所处环境空间的表示方法可以分为两大类：欧几里得空间导航和拓扑空间导航。传统的导航方法大多都是欧几里得空间的导航方法，如惯性导航、卫星导航、视觉 SLAM（Simultaneous Localization and Mapping）等。拓扑空间的导航方法对应拓扑图的构建与应用，是一种紧凑的环境表达方法，主要以拓扑图的形式表达导航空间的联通性。拓扑图不仅方便规划，适用于基于行为的导航，而且可以直接使用很多成熟高效的图搜索和推理算法。同时，由于拓扑图描述的是环境的拓扑结构，没有精确的相对位置要求，对存储空间、计算时间要求都较低。因此，基于拓扑图的导航方法计算效率一般都比较高。

拓扑空间的导航方法和欧几里得空间的导航方法实际上是相互补充的。为了取长补短，很多文献提出了欧几里得空间与拓扑空间相结合的混合空间导航方法，并在大尺度范围的导航定位中取得了很好的成效[120-122]。

6.2.1　环形闭环检测

环形闭环检测（Loop Closure Detection）是 SLAM 领域中的重要概念。结合本文的研究背景，环形闭环检测指的是利用传感器的感知信息判断载体是否之前到过某个位置区域，或者载体当前所处的位置是否在已经创建的拓扑图中已有相应的描述。环形闭环检测的重要性体现在，正确的闭环信息（拓扑图顶点识别结果）可以用于修正欧几里得空间导航算法的累积误差，提高定位的精度；然而，错误的闭环信息不仅会对构建的拓扑图造成干扰，甚至可能完全毁坏已有的拓扑图结构，对载体的定位结果也将造成非常恶劣的影响[239]。正是因为环形闭环检测的关键性，本章将使用 3.2 节介绍的基于位置细胞模型的仿生导航算法作为拓扑图顶点的识别方法，以避免错误识别的发生。下文中，我们将着重介绍拓扑图顶点正确识别之后，载体定位结果的修正方法。

本书 2.3 节给出了基于网格细胞模型的拓扑图构建方法，应用 N 个拓扑图表达环境的拓扑结构,3.2 节在此基础上提出了基于位置细胞模型的仿生导航算法,算法所利用的 3 种不同尺度的网格细胞的激活区域对应的就是 3 个不同的拓扑图,用来表达不同尺度的环境拓扑结构,最终的识别结果对应的是最小尺度的网格细胞。下文中所研究的就是如何利用这个最精确的识别结果纠正载体运行轨迹的方法。

首先,重写这个最小尺度网格细胞所对应的拓扑图的表达式为

$$G_3 = \{V_{G_3}, E_{G_3}\} \tag{6.25}$$

式中:$v_{G_3}^i = \{s_1^i\}$,$v_{G_3}^i \in V_{G_3}$ 为拓扑图的顶点所对应的图像信息;$e_{ij} = v_{G_3}^i v_{G_3}^j$,$e_{ij} \in E_{G_3}$ 为拓扑图的边,对应顶点与顶点之间的连通关系。

为了能将拓扑图顶点识别的结果在载体定位中发挥作用,还需要将拓扑图的顶点与位置信息关联。在拓扑图中引入欧几里得空间中的位置和距离信息,可以得到一个欧几里得-拓扑混合空间地图,其定义为

$$H = \{V, E\} \tag{6.26}$$

其中

$$v_i = \{v_{G_3}^i, \boldsymbol{p}^i\}, \quad v_{G_3}^i \in V_{G_3}, \ v_i \in V \tag{6.27}$$

$$l_{ij} = \{e_{ij}, \Delta \boldsymbol{p}^{ij}\}, \quad e_{ij} \in E_{G_3}, \ l_{ij} \in E \tag{6.28}$$

式中:$v_i \in V$ 为混合空间地图的第 i 个顶点;$\boldsymbol{p}^i$ 为 v_i 在欧几里得空间中的位置矢量;$l_{ij} \in E$ 为混合空间地图中连接第 i 和第 j 个顶点的边;$\Delta \boldsymbol{p}^{ij}$ 为 v_i 与 v_j 在欧几里得空间中的相对位置关系。

因此,混合空间地图顶点 v_j 可以表示为

$$v_j = \{v_{G_3}^j, \boldsymbol{p}^i + \Delta \boldsymbol{p}^{ij}\} \tag{6.29}$$

由上文中的介绍可知,环形闭环检测包含两种情况。

(1) 拓扑图顶点识别结果为离线创建的拓扑图顶点。离线创建的拓扑图顶点对应的位置信息是精确已知的。在这种情况下,我们一般将识别的拓扑图顶点所对应的位置信息直接赋值给载体当前所处的混合空间地图顶点,起到修正载体累积定位误差、提高导航定位精度的作用。

(2) 拓扑图顶点识别结果为在线创建的拓扑图顶点。也就是说,识别的拓扑图顶点并非离线创建,而是载体重新来到之前到过的某个位置,载体的运行轨迹发生了真正的闭环。与(1)中的情况不同,识别的拓扑图顶点所对应的混合空间地图顶点中的位置信息也是存在累积误差的。为了使载体的定位结果与这个闭环检测的结果一致,需要对历史所有混合空间地图顶点中存储的位置信息进行更新校正。目前,关于这种闭环校正的方法很多[239-242],本文选用仿生 RatSLAM 算法[30]中的校正方法修正载体的历史轨迹,即

$$\Delta \boldsymbol{p}^i = \alpha \Big[\sum_{j=1}^{N_f} (\boldsymbol{p}^j - \boldsymbol{p}^i - \Delta \boldsymbol{p}^{ij}) + \sum_{k=1}^{N_t} (\boldsymbol{p}^k - \boldsymbol{p}^i - \Delta \boldsymbol{p}^{ki}) \Big] \qquad (6.30)$$

式中:α 为校正率,是一个常数,一般取 $\alpha = 0.5$;N_f 为混合空间地图中顶点 v_i 连接到其他顶点的数目;N_t 为混合空间地图中从其他顶点连接到顶点 v_i 的数目。

一般需要经过多次迭代才能对所有历史轨迹起到修正作用,并最终得到一个稳定的定位结果。

 ## 6.2.2 混合空间仿生导航算法

本书的第 2 章和第 3 章从仿啮齿目动物大脑海马区定位机理的角度出发,分别给出了基于网格细胞模型的拓扑图构建方法和基于位置细胞模型的位置识别方法,该仿生导航方法相比现有的位置识别方法,有效地提高了识别的正确率和识别精度,提升了算法的计算效率。本书的第 4 章和第 5 章从仿昆虫复眼定向机理的角度出发,在深入研究大气散射模型和偏振光测量原理的基础之上,设计了仿昆虫复眼的偏振光传感器,给出了基于天空偏振光的定向方法,能够提供定向误差不随时间累积的绝对航向信息。同时,6.1 节部分给出了基于视觉的里程计设计。然而,上面所提及的方法均无法单独使用,两大方面的内容需要通过数据融合机制有机地结合起来,构建混合空间内基于多传感器组合的仿生导航算法,才能充分发挥仿生导航的作用,得到持续可靠的定位、定向结果。图 6.3 给出了混合空间内仿生导航算法的示意图。

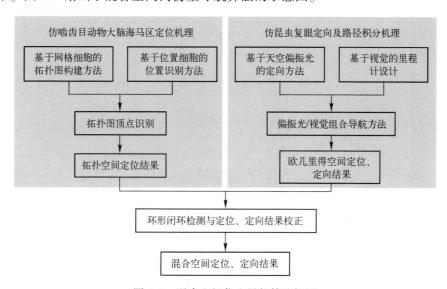

图 6.3 混合空间仿生导航算法框图

6.2.2.1 仿啮齿目动物大脑海马区定位机理

如图 6.4 所示,在动物本体移动这一外部输入下,啮齿目动物大脑海马区网格细胞在环境空间中规律激活,其细胞学解释为网格细胞细胞体的振荡频率与细胞树突的振荡频率产生干涉,当干涉频率的幅值超过细胞激活的阈值时,网格细胞激活。这一过程的数学模型可以通过重写式(2.11)表达为

$$g(x,y) = \Theta\left[2\cos(2\pi(f+f_D \cdot B_H \cdot u/2)t)\cos(2\pi(f_D \cdot B_H \cdot u/2)t)+\varphi\right]$$

$$(6.31)$$

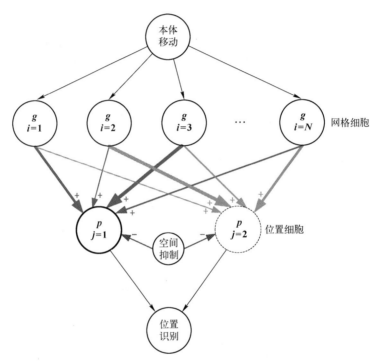

图 6.4 仿啮齿目动物大脑海马区定位机理示意图

不同的网格细胞具有不同尺度的网格间距,每个网格细胞的激活区域均会均匀的铺满整个环境空间。利用网格细胞的这一特性,本文提出了基于网格细胞模型的拓扑图构建方法,利用不同尺度的拓扑图表达环境的拓扑结构,即

$$G_n = \{V_{G_n}, E_{G_n}\}, \quad n = 1, 2, \cdots, N \quad (6.32)$$

同时,网格细胞具有间接定位的功能,网格细胞的激活所表现的时间维度,能使网格细胞对空间信息进行更加准确的编码。利用基于网格细胞模型构建的拓扑图顶点之间的连通关系,以序列的形式对环境进行编码和定位,相比使用单一顶点描述环境中的某一特定位置,更加准确和可靠。这一过程的数学模

型可以通过重写式(3.7)表达为

$$\min \quad f(i,\kappa) = \frac{1}{n} \sum_{j=k-n+1}^{k} \hat{D}_{r(i,j,\kappa),j} \tag{6.33}$$

$$\text{s. t.} \quad 0 \leqslant i \leqslant k, \quad \kappa_{\min} \leqslant \kappa \leqslant \kappa_{\max}, \quad i,r \in \mathbb{Z}, \quad \kappa \in \mathbb{R}$$

同理,N 个不同尺度的拓扑地图,对应 N 个网格细胞,可以得到 N 个不同定位精度的定位结果,这些结果最终全部汇聚到位置细胞处。

研究认为,处于网格细胞信号下游的位置细胞的激活是不同的网格细胞共同作用的结果,由处于信号上游网格细胞激活状态的加权求和得到。如图6.4所示,图中网格细胞到位置细胞的连线分别表示网格细胞 $g_1,g_2,\cdots,g_N$ 作用到位置细胞 p_1 和 p_2 上的激活状态,连线的宽度表示权值;空间抑制到位置细胞的连线表示空间非特定抑制,用来平衡网格细胞的激励输入。也正是在这一空间抑制的平衡下,位置细胞 p_1 激活而 p_2 仍处于非激活状态。利用位置细胞的这一特性,本文提出了基于位置细胞模型的位置识别方法,其数学模型可以通过重写式(3.1)表达为

$$p(x,y) = \Big(\sum_{i=1}^{N} A_i g_i(x,y) - C_{inh} \Big)_{+} \tag{6.34}$$

也就是说,位置细胞的定位结果是 N 个不同尺度的网格细胞联合定位的结果,不仅能够通过大尺度的网格细胞实现快速定位,还能利用小尺度的网格细胞实现精确搜索。车载实验验证了该仿生定位算法的正确性、快速性和精确性。然而,该仿生导航算法只有在拓扑图顶点成功识别时,才能给出定位结果,无法给出连续的导航定位、定向结果,因而,难以满足载体实际导航应用需求。

6.2.2.2　仿昆虫定向及路径积分机理

昆虫的复眼具有偏振敏感功能。昆虫复眼 DRA 区域小眼中有三类偏振敏感神经元,这三类偏振敏感神经元分别在与昆虫体轴约成 0°、60° 和 120° 方向的 E 矢量刺激下得到最大的激励响应(图6.5)。这三类偏振敏感神经元的不同响应值汇聚到神经中枢,可以计算入射天空偏振光的偏振角。这一过程的数学模型可以通过重写式(5.7)表达为

$$\tilde{p}_1(\phi) = \lg \frac{1+d\cos(2\phi)}{1-d\cos(2\phi)}$$

$$\tilde{p}_2(\phi) = \lg \frac{1+d\cos(2 \cdot (\phi-60°))}{1-d\cos(2 \cdot (\phi-60°))} \tag{6.35}$$

$$\tilde{p}_3(\phi) = \lg \frac{1+d\cos(2 \cdot (\phi-120°))}{1-d\cos(2 \cdot (\phi-120°))}$$

利用式(6.35)求得的偏振角 ϕ,结合水平姿态和太阳的位置,可通过式(5.68)

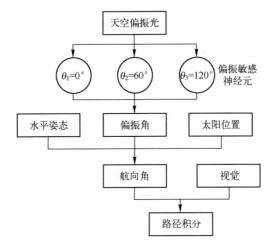

图 6.5 仿昆虫定向及路径积分机理示意图

进一步求得与地理北向的夹角 ψ，即

$$\psi = \arcsin\left(\frac{-C}{\sqrt{A^2+B^2}}\right) - D - \alpha_s$$

或

$$\psi = \pi - \arcsin\left(\frac{-C}{\sqrt{A^2+B^2}}\right) - D - \alpha_s \tag{6.36}$$

其中

$$A = \cot\phi\cos\theta - \sin\gamma\sin\theta, \qquad B = \cos\gamma$$
$$C = (\cot\phi\sin\theta + \sin\gamma\cos\theta)\tan h_s, \quad D = \arctan2(A,B)$$

　　利用仿昆虫复眼定向机理的偏振光定向方法得到的航向角为绝对航向信息，其估计误差具有不随时间累积的优点，能够很好地弥补视觉导航航向角估计误差随时间不短累积的缺点，以此作为约束，设计偏振光/视觉组合导航算法，可以有效提高视觉里程计路径积分的精度。其数学模型可以通过重写式(6.15)表达为

$$\min \quad f_1(\mathbf{r},\mathbf{t}) = \frac{1}{2}\|\mathbf{G}(\mathbf{r},\mathbf{t})\|^2 + \frac{1}{2}\|\mathbf{H}(\mathbf{r},\mathbf{t})\|^2$$
$$\text{s. t.} \quad \psi - \psi_{(p)} = 0, \quad \mathbf{r},\mathbf{t}\in\mathbb{R}^{3\times1}, \quad \mathbf{R}(\mathbf{r})\in SO(3) \tag{6.37}$$

虽然该方法能够有效地抑制定位误差的发散，但是定位误差仍然存在随时间不断累积的缺点。

6.2.2.3　混合空间内仿生信息融合机制

　　为了充分发挥仿生导航的作用，得到持续可靠的定位、定向结果，需要将上述两大方面的内容通过数据融合机制有机的结合起来。其中,双目视觉传感器一方面发挥视觉里程计的作用,与基于偏振光传感器的定向系统组合,构成欧几里得空间内偏振光/视觉组合的仿生导航算法,得到载体的路径积分信息;另一方面根据提供的图像信息,基于位置细胞模型的仿生导航算法,可以得到载体的位置识别结果。路径积分信息和位置识别结果通过环形闭环检测方法融合,即可得到混合空间仿生导航算法的导航参数。由 6.2.1 节可知,环形闭环检测包含两种情况。根据所利用的环形闭环检测方法,混合空间仿生导航算法也存在以下两种形式。

(1) 基于在线信息的混合空间仿生导航算法。如图 6.6 所示,利用欧几里得空间内基于偏振光/视觉的仿生导航算法,可以得到载体的位置,结合第 2 章拓扑图的构建方法,可以得到描述外部环境的欧几里得-拓扑混合空间地图;利用基于位置细胞模型的仿生导航算法,可以正确识别载体是否重新来到之前到过的某个位置。当载体重新来到之前到过的某个位置时,载体的运行轨迹将会产生闭环。利用式(6.30)对欧几里得-拓扑混合空间地图中的顶点及顶点所关联的位置进行修正,可以达到提高构建的欧几里得-拓扑混合空间地图的正确性和精确性的目的。校正公式重写为

$$\Delta \boldsymbol{p}^i = \alpha \Big[\sum_{j=1}^{N_f} (\boldsymbol{p}^j - \boldsymbol{p}^i - \Delta \boldsymbol{p}^{ij}) + \sum_{k=1}^{N_t} (\boldsymbol{p}^k - \boldsymbol{p}^i - \Delta \boldsymbol{p}^{ki}) \Big] \qquad (6.38)$$

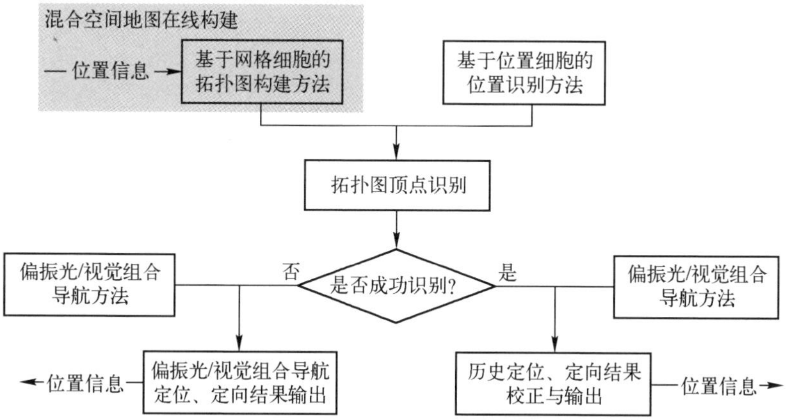

图 6.6　基于在线信息的混合空间仿生导航算法信息融合框图

基于在线信息的混合空间仿生导航算法的全部过程均在线实时进行,不需要额外的离线处理工作。

(2) 基于离线信息的混合空间仿生导航算法。如图 6.7 所示,与基于在线信息的混合空间仿生导航算法不同,基于离线信息的混合空间仿生导航算法需

要事先的离线数据处理工作,离线创建欧几里得-拓扑混合空间地图。显然,离线创建的欧几里得-拓扑混合空间地图的顶点所对应的位置信息是精确已知的。同样,利用欧几里得空间内基于偏振光/视觉的仿生导航算法,可以得到载体的路径积分信息,即定位结果。然而,随着时间和距离的增长,欧几里得空间内基于偏振光/视觉的仿生导航算法的定位误差仍然会不断累积。利用基于位置细胞模型的仿生导航算法,可以正确识别载体当前所处位置是否为离线创建的欧几里得-拓扑混合空间地图的顶点。当利用基于位置细胞模型的仿生导航算法,识别到载体当前位置为离线创建的欧几里得-拓扑混合空间地图的顶点时,可将该顶点的位置信息直接赋值给载体当前的定位结果,起到修正载体累积定位误差、提高载体定位精度的目的。

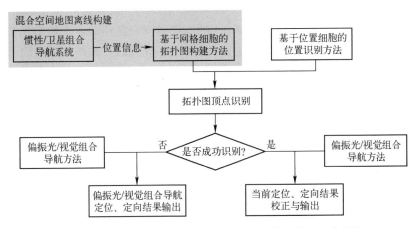

图 6.7　基于离线信息的混合空间仿生导航算法信息融合框图

基于离线信息的混合空间仿生导航算法,是载体长航时高精度导航定位的有效手段。下文将用车载实验验证该方法的正确性和有效性。

6.3　车载实验

为了验证算法的正确性和实用性,我们搭建了车载实验平台并进行了车载实验(实验平台详见 3.3 节和 5.4.2 节介绍)。车载视觉系统是一台由 PointGrey 公司推出的 Bumblebee2 多视点视频立体相机,相机集成了两台数字相机,相机分辨率为 648×488 像素,帧频为 10fps。在欧几里得空间内基于偏振光/视觉的仿生导航算法中,视觉系统两台数字相机的图像信息均被使用;由于基于位置细胞模型的仿生导航算法只需要单目相机信息,实验中我们仅使用了左相机采集的图像信息,同时,为了减小算法的计算量,保证算法的实时性,在实际计算中,采集的图像通过预处理后变为 64×32 像素[33]。偏振光定向系统由偏振光传感器和 MTI-700 组成,两者的输出频率均为 10Hz。另外,IMU 与 BD 接收机组成高精度的组合导航系统,用于为车载定位、定向系统提供位置和航向参考信息,以对算法的定位、定向结果进行评估。

车载实验的环境为普通的城市道路,为了测试传感器在航向角变化较大情况下的性能,选择一个环形道路作为行驶路线,并连续绕该区域 3 圈,其运动轨迹如图 6.8 所示。其中,基于偏振光传感器的定向结果和基于位置细胞模型的仿生导航算法的位置识别的结果分别详见 5.3.3 节和 3.3.2 节介绍,这里不再赘述。本节针对混合空间内基于偏振光/视觉的仿生导航算法的实验内容主要包括以下 3 个部分。

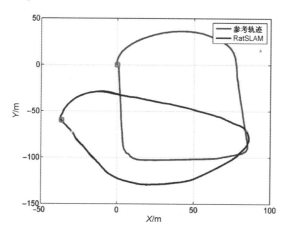

图 6.8 RatSLAM 仿生导航算法定位轨迹

(1) RatSLAM 仿生导航算法。RatSLAM 仿生导航算法是目前机器人导航领域非常成熟的、基于纯视觉的仿生导航算法[31,243]。该算法模拟老鼠感知环境的机制、模仿老鼠大脑中位置细胞和方向细胞的功能,提出了一种基于 CAN (Continuous Attractive Network)的神经细胞网格模型,并利用该模型表征机器人的位置和姿态信息,设计了一种同时定位和构图的仿生导航算法,成功地进行了 66km 的车载实验[31]。RatSLAM 仿生导航算法是将欧几里得-拓扑混合空间的导航策略成功地应用在机器人导航领域的经典算法,因此,该算法的车载实验结果将作为重要的比较对象在下文中详细给出。

(2) 欧几里得空间仿生导航算法。欧几里得空间仿生导航算法又包含两个方面的内容。其一是基于纯视觉的导航算法,基本原理详见 6.1.1.2 节内容,下文中简称"视觉里程计";其二是基于偏振光/视觉的仿生导航算法,基本原理详见 6.1.2 节内容,下文中简称"视觉/偏振光组合导航"。

(3) 混合空间仿生导航算法。混合空间仿生导航算法同样含两个方面的内容。其一是基于在线信息的混合空间仿生导航算法,下文中简称"视觉+偏振光+闭环检测";其二是基于离线信息的混合空间仿生导航算法,下文中简称"视觉+偏振光+离线地图"。同时,以上两方面内容在没有光罗盘的绝对航向约束的情况也作为比较对象给出了实验结果,下文中分别简称为"视觉里程计+闭环校正"和"视觉里程计+离线地图"。7 种方法的实验结果如下所述。实验中,"离线信息"为车载实验中在第一圈构建的混合空间地图,其中,混合空间地图的顶点所对应的位置信息由 IMU 与 BD 接收机组成的高精度组合导航系统提供。

图 6.8 给出了 RatSLAM 仿生导航算法的定位轨迹,图 6.9(a)和图 6.9(b)分别给出了算法的定位和定向误差。由图 6.8 可知,RatSLAM 算法成功地识别出 3 圈轨迹是在绕同一个地方运行,载体的运行轨迹为一个单一的闭合曲线。然而,由图 6.9(a)和图 6.9(b)可知,RatSLAM 仿生导航算法的定位和定向误差均较大,其中,定位误差超过 100m,定向误差超过 60°。

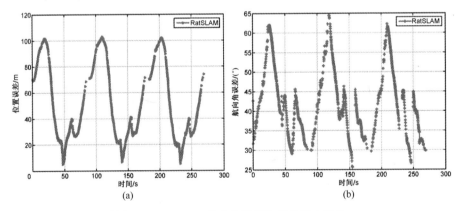

图 6.9　RatSLAM 仿生导航算法定位定向误差

(a) RatSLAM 仿生导航算法定位误差;(b) RatSLAM 仿生导航算法定向误差。

图 6.10 和图 6.11 分别给出了欧几里得空间"视觉里程计"和"视觉+偏振光"两种算法的定位轨迹,同时,图 6.12(a)和图 6.12(b)分别给出了两种算法的定位和定向误差。由图 6.10 和图 6.11 可知,"视觉里程计"和"视觉+偏振光"两种算法未能识别出 3 圈轨迹是在绕同一地方运行,定位轨迹随着载体运行圈数的增长均逐渐发散,其中,"视觉+偏振光"因为有偏振光定向系统提供的绝对航向信息的约束,其发散速度明显低于"视觉里程计"算法。由图 6.12(a)和图 6.12(b)可知,"视觉+偏振光"的最大定位误差小于 20m,而"视觉里程计"的最大

定位误差却大于 35m;"视觉+偏振光"的定向误差由于有绝对航向信息的约束,始终维持在±5°范围以内,而"视觉里程计"的定向误差随着圈数的增长,也是逐渐发散,最大定向误差甚至超过 20°。

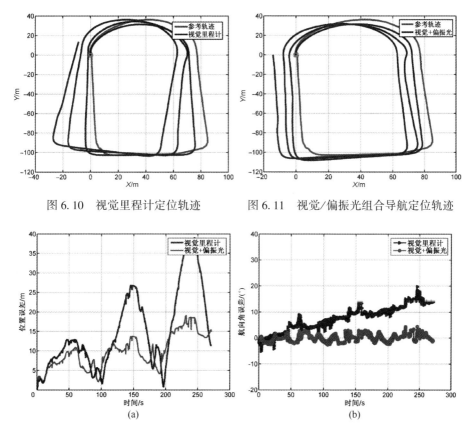

图 6.10 视觉里程计定位轨迹   图 6.11 视觉/偏振光组合导航定位轨迹

图 6.12 视觉里程计与视觉/偏振光组合定位定向误差对比
(a) 定位误差对比;(b) 定向误差对比。

图 6.13 和图 6.14 分别给出了混合空间"视觉里程计+闭环校正"和"视觉+偏振光+闭环校正"两种算法的定位轨迹,同时,图 6.15(a) 和图 6.15(b) 分别给出了两种算法的定位和定向误差。这两种算法因为有基于在线信息的环形闭环检测辅助,均成功地识别出 3 圈轨迹是在绕同一个地方运行,载体的运行轨迹均为一个单一的闭合曲线。由图 6.15(a) 可知,"视觉+偏振光+闭环校正"的定位精度优于"视觉里程计+闭环校正"算法,两种算法的定位精度分别稍优于"视觉+偏振光"和"视觉里程计"算法。然而,由图 6.15(b) 可知,"视觉+偏振光+闭环校正"和"视觉里程计+闭环校正"算法的定向误差均较大,定向精度

甚至比"视觉+偏振光"和"视觉里程计"算法还要差,其原因主要是式(6.30)仅仅考虑了位置的修正,而忽视了航向的修正。

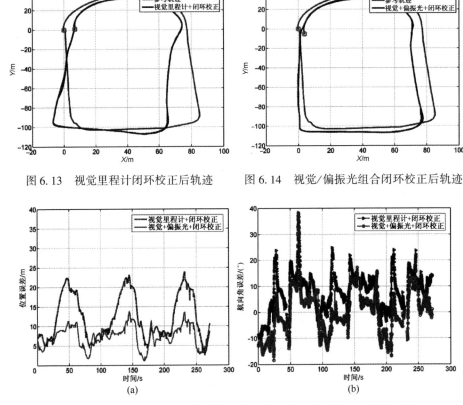

图 6.13　视觉里程计闭环校正后轨迹　　　图 6.14　视觉/偏振光组合闭环校正后轨迹

图 6.15　视觉里程计与视觉/偏振光组合闭环校正后定位定向误差对比
(a) 定位误差对比;(b) 定向误差对比。

　　图 6.16 和图 6.17 分别给出了混合空间"视觉里程计+离线地图"和"视觉+偏振光+离线地图"两种算法的定位轨迹,同时,图 6.18(a) 和图 6.18(b) 分别给出了两种算法的定位和定向误差。这两种算法因为有基于离线信息的环形闭环检测辅助,均基本成功地识别出 3 圈轨迹是在绕同一个地方运行,载体的运行轨迹均基本为一个单一的闭合曲线。由图 6.18(a) 可知,"视觉+偏振光+离线地图"的定位精度优于"视觉里程计+离线地图"算法,两种算法的定位精度均优于上述所有算法,其中"视觉+偏振光+离线地图"的定位精度最高。由图 6.15(b) 可知,"视觉+偏振光+离线地图"的定向误差由于有基于偏振光传感器的定向系统提供的绝对航向信息的约束,始终维持在±5°范围以内,而"视觉

里程计+离线地图"的定向误差随着圈数的增长,也是逐渐发散的,最大定向误差超过 20°。

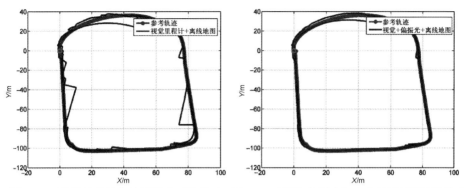

图 6.16 视觉里程计在地图辅助下的轨迹 图 6.17 视觉/偏振光组合在地图辅助下的轨迹

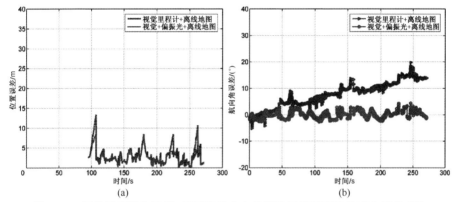

图 6.18 视觉里程计与视觉/偏振光组合在离线地图辅助下定位定向误差对比
(a)定位误差对比;(b)定向误差对比。

表 6.1 给出了上述 7 种方法定位、定向精度的统计指标,从表中可以看到,"视觉+偏振光+离线地图"的方法取得了最好的定位、定向精度,定位和定向的均方根误差分别为 3.02m 和 1.38°。究其原因,偏振光所对应的定向系统为导航提供了绝对的航向约束;离线地图对应的基于位置细胞模型的仿生导航算法所识别的位置信息,为导航提供了绝对的位置约束,这两者共同构成了载体长航时高精度导航的基础。

表 6.1 位置误差与航向角误差对比结果

	位置误差/m			航向角误差/(°)		
	MEAN	SD	RMS	MEAN	SD	RMS
RatSLAM	45.14	27.48	52.84	42.28	8.77	43.17

（续）

	位置误差/m			航向角误差/(°)		
	MEAN	SD	RMS	MEAN	SD	RMS
视觉里程计	15.24	10.28	18.38	7.39	4.64	8.72
视觉+偏振光	9.82	4.33	10.74	−0.02	1.38	1.38
视觉里程计+闭环校正	12.29	5.82	13.60	7.57	7.64	10.75
视觉+偏振光+闭环校正	7.29	2.78	7.80	−0.005	8.68	8.67
视觉里程计+离线地图	3.00	2.24	3.74	7.39	4.64	8.72
视觉+偏振光+离线地图	2.57	1.59	3.02	−0.02	1.38	1.38

6.4 本 章 小 结

本章在对视觉里程计的基本原理进行分析的基础上,结合基于偏振光传感器的定向系统能够提供绝对航向信息的优势,提出了一种欧几里得空间内基于偏振光/视觉的仿生导航算法。算法将视觉里程计的无约束优化问题转化为有航向约束的等式约束优化问题,并使用乘子法求解,显著提高了算法航向角的精度,同时对定位误差也有明显改善。

此外,本章将欧几里得空间仿生导航算法与第3章基于位置细胞模型的仿生导航算法有效结合,在对欧几里得-拓扑混合空间地图进行明确定义的基础上,介绍了两种不同的环形闭环检测方法,提出了一种混合空间内基于偏振光/视觉的仿生导航算法,并通过车载实验验证了算法的正确性和可行性。得到的主要结论如下。

（1）视觉里程计随着行程的增长,定位、定向误差均会逐渐增大;基于偏振光传感器的定向系统能够提供绝对的航向信息。两者组合构成的欧几里得空间内基于偏振光/视觉的仿生导航算法的定向精度大幅提高,同时定位精度也有明显改善。

（2）基于在线信息的混合空间仿生导航算法,因为有基于在线信息的环形闭环检测的辅助,能够得到更加准确地描述环境拓扑结构的拓扑图。但是由于闭环校正过程中只考虑了定位误差,而忽视了定向误差,最终得到的定向结果较差。

（3）基于离线信息的混合空间仿生导航算法,因为有基于离线信息的环形闭环检测所提供的位置信息的辅助和基于偏振光传感器的定向系统提供的绝对航向信息辅助,能够等到更加准确地描述环境空间的混合图。这一策略也成为了载体长航时高精度导航的基础。

第7章 全书总结

本书以无人平台在未来军事应用中的瓶颈问题——自主导航问题为研究对象,详细地介绍了自主导航所涉及的基本理论,深入地研究了仿生位置识别方法和仿生偏振光定向方法等具体问题。通过仿真实验和实际车载实验验证了本文所提出的仿生自主导航方法的有效性。主要研究成果和结论总结如下。

(1) 针对现有位置识别算法存在错误识别和计算量大等问题,在深入分析啮齿目动物网格细胞和位置细胞激活特性的基础上,提出了一种基于网格细胞模型的拓扑图构建方法和基于位置细胞模型的拓扑图顶点识别算法。相比现有成熟的位置识别算法,有效地降低了位置识别的错误率,提高了算法的计算效率和位置识别精度。

(2) 大气散射模型中 Mie 散射相比 Rayleigh 散射,能够更加准确地描述天空偏振样式,针对能否使用 Mie 散射模型进行天空偏振光定向的疑问,从理论分析与实测实验两个方面明确了目前能够用于导航定向的大气散射模型只能是一阶 Rayleigh 散射模型,量化评估了一阶 Rayleigh 散射模型在不同天气条件下描述天空偏振样式的精确程度,为利用天空偏振光精确定向提供了理论和实验支撑。

(3) 充分利用偏振光传感器的原始输出信息,提出了一种基于最小二乘法的偏振光传感器偏振态输出算法,提高了偏振角和偏振度的计算速度和计算精度。针对偏振光传感器误差标定的病态性问题,巧妙地应用标定光源偏振度的常值约束,将偏振光传感器的标定问题转化为多目标优化问题,提出了一种基于 NSGA-Ⅱ 的偏振光传感器标定算法,有效地解决了现有标定方法的病态性问题,该算法的参数估计精度明显高于现有的误差标定算法。最后,给出了一种基于偏振度和水平角辅助的航向角估计算法,该方法有效地提高了航向角的估计精度。

(4) 提出了欧几里得空间内基于等式约束优化的偏振光/视觉组合导航算法,并采用乘子法求解,有效地抑制了视觉里程计航向角的发散和定位误差的累积。针对仿生导航算法侧重环境结构描述,定位、定向精度较低的问题,将欧几里得空间内基于偏振光/视觉的仿生导航算法与拓扑空间内基于位置细胞模型的仿生位置识别算法有机地结合在一起,提出了混合空间内基于多传感器组合的仿生导航算法,能够同时约束航向角和定位误差的发散,为载体长航时高精度导航提供了一种行之有效的解决方案。

　　本书的研究成果在仿真和实测实验中均表现出了良好的性能。特别是车载试验,初步验证了仿生自主导航方案的可行性。随着仿生导航相关技术的不断完善,该技术不失为无人平台长航时高精度自主导航的理想选择。

附录 A　标定模型中系数 a_i 的表达式

$a_i(i=1,2,\cdots,8)$ 的表达式如下所示：

$$a_1 = \frac{4 \cdot 10^{2\tilde{p}_1}\sin(2\tilde{\phi})\sin(2\tilde{\phi}-2\varepsilon_1)}{3\,(1+10^{2\tilde{p}_1})^2(\tilde{d}\cos(2\tilde{\phi}-2\varepsilon_1)-1)} \tag{A.1}$$

$$a_2 = -\frac{4 \cdot 10^{2\tilde{p}_2}}{3\,(1+10^{2\tilde{p}_2})^2}\frac{\sin\left(2\tilde{\phi}-\dfrac{2\pi}{3}\right)\sin\left(2\tilde{\phi}-\dfrac{2\pi}{3}-2\varepsilon_2\right)}{\left(\tilde{d}\cos\left(2\tilde{\phi}-\dfrac{2\pi}{3}-2\varepsilon_2\right)+1\right)} \tag{A.2}$$

$$a_3 = \frac{4 \cdot 10^{2\tilde{p}_2}}{3\,(1+10^{2\tilde{p}_2})^2}\frac{\sin\left(2\tilde{\phi}-\dfrac{2\pi}{3}\right)\sin\left(2\tilde{\phi}-\dfrac{2\pi}{3}-2\varepsilon_3\right)}{\left(\tilde{d}\cos\left(2\tilde{\phi}-\dfrac{2\pi}{3}-2\varepsilon_3\right)-1\right)} \tag{A.3}$$

$$a_4 = -\frac{4 \cdot 10^{2\tilde{p}_3}}{3\,(1+10^{2\tilde{p}_3})^2}\frac{\sin\left(2\tilde{\phi}-\dfrac{4\pi}{3}\right)\sin\left(2\tilde{\phi}-\dfrac{4\pi}{3}-2\varepsilon_4\right)}{\left(\tilde{d}\cos\left(2\tilde{\phi}-\dfrac{4\pi}{3}-2\varepsilon_4\right)+1\right)} \tag{A.4}$$

$$a_5 = \frac{4 \cdot 10^{2\tilde{p}_3}}{3\,(1+10^{2\tilde{p}_3})^2}\frac{\sin\left(2\tilde{\phi}-\dfrac{4\pi}{3}\right)\sin\left(2\tilde{\phi}-\dfrac{4\pi}{3}-2\varepsilon_5\right)}{\left(\tilde{d}\cos\left(2\tilde{\phi}-\dfrac{4\pi}{3}-2\varepsilon_5\right)-1\right)} \tag{A.5}$$

$$a_6 = -\frac{2 \cdot 10^{2\tilde{p}_1}\sin(2\tilde{\phi})}{3\tilde{d}(1+\kappa_1)(1+10^{2\tilde{p}_1})^2} \tag{A.6}$$

$$a_7 = -\frac{2 \cdot 10^{2\tilde{p}_2}\sin\left(2\tilde{\phi}-\dfrac{2\pi}{3}\right)}{3\,\tilde{d}(1+\kappa_2)(1+10^{2\tilde{p}_2})^2} \tag{A.7}$$

$$a_8 = -\frac{2 \cdot 10^{2\tilde{p}_3}\sin\left(2\tilde{\phi}-\dfrac{4\pi}{3}\right)}{3\,\tilde{d}(1+\kappa_3)(1+10^{2\tilde{p}_3})^2} \tag{A.8}$$

附录 B 标定模型中系数 c_i 的表达式

$c_i(i=1,2,\cdots,8)$ 的表达式如下所示：

$$c_1 = -\frac{8 \cdot 10^{2\tilde{p}_1}}{3(1+10^{2\tilde{p}_1})^2} \frac{\tilde{d}\sin(2\tilde{\phi}-2\varepsilon_1)\cos(2\tilde{\phi})}{(\tilde{d}\cos(2\tilde{\phi}-2\varepsilon_1)-1)} \tag{B.1}$$

$$c_2 = \frac{8 \cdot 10^{2\tilde{p}_2}}{3(1+10^{2\tilde{p}_2})^2} \frac{\tilde{d}\sin\left(2\tilde{\phi}-\dfrac{2\pi}{3}-2\varepsilon_2\right)\cos\left(2\tilde{\phi}-\dfrac{2\pi}{3}\right)}{\left(\tilde{d}\cos\left(2\tilde{\phi}-\dfrac{2\pi}{3}-2\varepsilon_2\right)+1\right)} \tag{B.2}$$

$$c_3 = -\frac{8 \cdot 10^{2\tilde{p}_2}}{3(1+10^{2\tilde{p}_2})^2} \frac{\tilde{d}\sin\left(2\tilde{\phi}-\dfrac{2\pi}{3}-2\varepsilon_3\right)\cos\left(2\tilde{\phi}-\dfrac{2\pi}{3}\right)}{\left(\tilde{d}\cos\left(2\tilde{\phi}-\dfrac{2\pi}{3}-2\varepsilon_3\right)-1\right)} \tag{B.3}$$

$$c_4 = \frac{8 \cdot 10^{2\tilde{p}_3}}{3(1+10^{2\tilde{p}_3})^2} \frac{\tilde{d}\sin\left(2\tilde{\phi}-\dfrac{4\pi}{3}-2\varepsilon_4\right)\cos\left(2\tilde{\phi}-\dfrac{4\pi}{3}\right)}{\left(\tilde{d}\cos\left(2\tilde{\phi}-\dfrac{4\pi}{3}-2\varepsilon_4\right)+1\right)} \tag{B.4}$$

$$c_5 = -\frac{8 \cdot 10^{2\tilde{p}_3}}{3(1+10^{2\tilde{p}_3})^2} \frac{\tilde{d}\sin\left(2\tilde{\phi}-\dfrac{4\pi}{3}-2\varepsilon_5\right)\cos\left(2\tilde{\phi}-\dfrac{4\pi}{3}\right)}{\left(\tilde{d}\cos\left(2\tilde{\phi}-\dfrac{4\pi}{3}-2\varepsilon_5\right)-1\right)} \tag{B.5}$$

$$c_6 = \frac{4 \cdot 10^{2\tilde{p}_1}}{3(1+\kappa_1)(1+10^{2\tilde{p}_1})^2}\cos(2\tilde{\phi}) \tag{B.6}$$

$$c_7 = \frac{4 \cdot 10^{2\tilde{p}_2}}{3(1+\kappa_2)(1+10^{2\tilde{p}_2})^2}\cos\left(2\tilde{\phi}-\frac{2\pi}{3}\right) \tag{B.7}$$

$$c_8 = \frac{4 \cdot 10^{2\tilde{p}_3}}{3(1+\kappa_3)(1+10^{2\tilde{p}_3})^2}\cos\left(2\tilde{\phi}-\frac{4\pi}{3}\right) \tag{B.8}$$

附录 C　Gauss–Newton 迭代法中 Jacobian 矩阵的推导

本附录推导 Gauss-Newton 迭代法中 Jacobian 矩阵 $\boldsymbol{J}_{(l)}$ 和 $\boldsymbol{J}_{(r)}$ 的表达式，由式(6.19)和式(6.20)可知

$$\boldsymbol{J}_{(l)} = (\nabla \boldsymbol{g}_1^{\mathrm{T}}, \nabla \boldsymbol{g}_2^{\mathrm{T}}, \cdots, \nabla \boldsymbol{g}_N^{\mathrm{T}})^{\mathrm{T}} \qquad (\mathrm{C.1})$$

$$\boldsymbol{J}_{(r)} = (\nabla \boldsymbol{h}_1^{\mathrm{T}}, \nabla \boldsymbol{h}_2^{\mathrm{T}}, \cdots, \nabla \boldsymbol{h}_N^{\mathrm{T}})^{\mathrm{T}} \qquad (\mathrm{C.2})$$

令 $\boldsymbol{v} = [\boldsymbol{r}^{\mathrm{T}}, \boldsymbol{t}^{\mathrm{T}}]^{\mathrm{T}} = [\gamma \quad \theta \quad \psi \quad t_X \quad t_Y \quad t_Z]^{\mathrm{T}}$，由式(6.8)和式(6.10)分别可得

$$
\begin{aligned}
\nabla \boldsymbol{g}_i(\boldsymbol{v}) &= \frac{\partial \boldsymbol{g}_i(\boldsymbol{v})}{\partial \boldsymbol{v}^{\mathrm{T}}} \\
&= \frac{\partial (\boldsymbol{x}_i^{(l)} - \boldsymbol{K} \cdot (\boldsymbol{R} \cdot \boldsymbol{X}_i + \boldsymbol{t}))}{\partial \boldsymbol{v}^{\mathrm{T}}} \\
&= -\frac{\partial (\boldsymbol{K} \cdot \boldsymbol{R} \cdot \boldsymbol{X}_i)}{\partial \boldsymbol{v}^{\mathrm{T}}} - \frac{\partial (\boldsymbol{K} \cdot \boldsymbol{t})}{\partial \boldsymbol{v}^{\mathrm{T}}}
\end{aligned} \qquad (\mathrm{C.3})
$$

$$
\begin{aligned}
\nabla \boldsymbol{h}_i(\boldsymbol{v}) &= \frac{\partial \boldsymbol{h}_i(\boldsymbol{v})}{\partial \boldsymbol{v}^{\mathrm{T}}} \\
&= \frac{\partial (\boldsymbol{x}_i^{(r)} - \boldsymbol{K} \cdot (\boldsymbol{R} \cdot \boldsymbol{X}_i + \boldsymbol{t} - (s \quad 0 \quad 0)^{\mathrm{T}}))}{\partial \boldsymbol{v}^{\mathrm{T}}} \\
&= -\frac{\partial (\boldsymbol{K} \cdot \boldsymbol{R} \cdot \boldsymbol{X}_i)}{\partial \boldsymbol{v}^{\mathrm{T}}} - \frac{\partial (\boldsymbol{K} \cdot \boldsymbol{t})}{\partial \boldsymbol{v}^{\mathrm{T}}}
\end{aligned} \qquad (\mathrm{C.4})
$$

式中：$i = 1, 2, \cdots, N$ 为匹配特征点的个数。可以看到，$\nabla \boldsymbol{g}_i(\boldsymbol{v}) = \nabla \boldsymbol{h}_i(\boldsymbol{v})$，所以有

$$\boldsymbol{J}_{(l)} = \boldsymbol{J}_{(r)} \qquad (\mathrm{C.5})$$

将 $\boldsymbol{R}$ 写成方向余弦矩阵的形式为

$$
\boldsymbol{R} = \begin{bmatrix}
\cos\gamma\cos\psi - \sin\gamma\sin\psi\sin\theta & \cos\gamma\sin\psi + \cos\psi\sin\gamma\sin\theta & -\cos\theta\sin\gamma \\
-\cos\theta\sin\psi & \cos\psi\cos\theta & \sin\theta \\
\cos\psi\sin\gamma + \cos\gamma\sin\psi\sin\theta & \sin\gamma\sin\psi - \cos\gamma\cos\psi\sin\theta & \cos\gamma\cos\theta
\end{bmatrix}
$$

并引入矢量

$$\mathscr{R} = [R_{11} \quad R_{12} \quad R_{13} \quad R_{21} \quad R_{22} \quad R_{23} \quad R_{31} \quad R_{32} \quad R_{33}]^{\mathrm{T}} \qquad (\mathrm{C.6})$$

则式(C.3)可变换为

$$\nabla \boldsymbol{g}_i(\boldsymbol{v}) = -\frac{\partial(\boldsymbol{K}\cdot\boldsymbol{R}\cdot\boldsymbol{X}_i)}{\partial\boldsymbol{\mathscr{R}}^{\mathrm{T}}}\frac{\partial\boldsymbol{\mathscr{R}}}{\partial\boldsymbol{v}^{\mathrm{T}}} - \frac{\partial(\boldsymbol{K}\cdot\boldsymbol{t})}{\partial\boldsymbol{t}^{\mathrm{T}}}\frac{\partial\boldsymbol{t}}{\partial\boldsymbol{v}^{\mathrm{T}}}, \quad i = 1, 2, \cdots, N \quad (\mathrm{C}.7)$$

进一步计算可得

$$\frac{\partial(\boldsymbol{K}\cdot\boldsymbol{R}\cdot\boldsymbol{X}_i)}{\partial\boldsymbol{\mathscr{R}}^{\mathrm{T}}} = \begin{bmatrix} fX_i & fY_i & fZ_i & 0 & 0 & 0 & p_xX_i & p_xY_i & p_xZ_i \\ 0 & 0 & 0 & fX_i & fY_i & fZ_i & p_yX_i & p_yY_i & p_yZ_i \\ 0 & 0 & 0 & 0 & 0 & 0 & X_i & Y_i & Z_i \end{bmatrix}_{3\times9}$$

$$(\mathrm{C}.8)$$

$$\frac{\partial\boldsymbol{\mathscr{R}}}{\partial\boldsymbol{v}^{\mathrm{T}}} = \begin{bmatrix} \boldsymbol{A}_{11} & \boldsymbol{A}_{12} & \boldsymbol{A}_{13} & \boldsymbol{0}_{3\times3} \\ \boldsymbol{0}_{3\times1} & \boldsymbol{A}_{21} & \boldsymbol{A}_{22} & \boldsymbol{0}_{3\times3} \\ \boldsymbol{A}_{31} & \boldsymbol{A}_{32} & \boldsymbol{A}_{33} & \boldsymbol{0}_{3\times3} \end{bmatrix}_{9\times6} \quad (\mathrm{C}.9)$$

$$\frac{\partial(\boldsymbol{K}\cdot\boldsymbol{t})}{\partial\boldsymbol{t}^{\mathrm{T}}} = \begin{bmatrix} f & 0 & p_x \\ 0 & f & p_y \\ 0 & 0 & 1 \end{bmatrix}_{3\times3} \quad (\mathrm{C}.10)$$

$$\frac{\partial\boldsymbol{t}}{\partial\boldsymbol{v}^{\mathrm{T}}} = \begin{bmatrix} 0 & 0 & 0 & 1 & 0 & 0 \\ 0 & 0 & 0 & 0 & 1 & 0 \\ 0 & 0 & 0 & 0 & 0 & 1 \end{bmatrix}_{3\times6} \quad (\mathrm{C}.11)$$

其中

$$\boldsymbol{A}_{11} = \begin{bmatrix} -\cos\psi\sin\gamma - \cos\gamma\sin\psi\sin\theta \\ -\sin\gamma\sin\psi + \cos\gamma\cos\psi\sin\theta - \sin\gamma\sin\psi\sin\theta \\ -\cos\gamma\cos\theta \end{bmatrix}$$

$$\boldsymbol{A}_{12} = \begin{bmatrix} -\cos\theta\sin\gamma\sin\psi \\ \cos\psi\cos\theta\sin\gamma \\ \sin\gamma\sin\theta \end{bmatrix}$$

$$\boldsymbol{A}_{13} = \begin{bmatrix} -\cos\gamma\sin\psi - \cos\psi\sin\gamma\sin\theta \\ \cos\gamma\cos\psi - \sin\gamma\sin\psi\sin\theta \\ 0 \end{bmatrix}$$

$$\boldsymbol{A}_{21} = \begin{bmatrix} \sin\psi\sin\theta \\ -\cos\psi\sin\theta \\ \cos\theta \end{bmatrix}$$

$$\boldsymbol{A}_{22} = \begin{bmatrix} -\cos\psi\cos\theta \\ -\cos\theta\sin\psi \\ 0 \end{bmatrix}$$

$$A_{31} = \begin{bmatrix} \cos\gamma\cos\psi - \sin\gamma\sin\psi\sin\theta \\ \cos\gamma\sin\psi + \cos\psi\sin\gamma\sin\theta \\ -\cos\theta\sin\gamma \end{bmatrix}$$

$$A_{32} = \begin{bmatrix} \cos\gamma\cos\theta\sin\psi \\ -\cos\gamma\cos\psi\cos\theta \\ -\cos\gamma\sin\theta \end{bmatrix}$$

$$A_{33} = \begin{bmatrix} -\sin\gamma\sin\psi + \cos\gamma\cos\psi\sin\theta \\ \cos\psi\sin\gamma + \cos\gamma\sin\psi\sin\theta \\ 0 \end{bmatrix}$$

将式(C.8)~式(C.11)带入式(C.7),并结合式(C.1)和式(C.5),即可得到 Jacobian 矩阵 $J_{(l)}$ 和 $J_{(r)}$ 的表达式。

参 考 文 献

[1] 刘重阳. 国外无人机技术的发展[J]. 舰船电子工程,2010,30(1):19-23.

[2] Titterton D H,Weston J L. Strapdown inertial navigation technology (2nd Edition)[M]. Weston:The institution of electrical engineers,2004.

[3] 黄显林,姜肖楠,卢鸿谦,等. 自主视觉导航方法综述[J]. 吉林大学学报(信息科学版),2010,28 (2):158-163.

[4] 曾祥华. 卫星导航抗干扰中的时延、量化和运动适应性技术研究[D]. 长沙:国防科技大学,2013.

[5] 干国强,邱致和,王万义. GPS 干扰和抗干扰文集[C]. 西安:信息产业部电子第二十研究所,1999.

[6] 谭显裕. GPS 在导航战中的作用及其干扰对抗研究[J]. 现代防御技术,2001,29(3):42-47.

[7] 蔡志武,楚恒林. GPS 导航对抗策略与技术分析[J]. 全球定位系统,2006,2006(2):29-33.

[8] Semmens J M,Pecl G T,Gillanders B M. Approaches to resolving cephalopod movement and migration patterns[J]. Reviews in fish biology and fisheries,2007,17(2-3):401-423.

[9] Boone R B,Thirgood S J,Hopcraft J G C. Serengeti wildebeest migratory patterns modeled from rainfall and new vegetation growth[J]. Ecology,2006,87(8):1987-1994.

[10] Weng K C,Castilho P C,Morrissette J M. Satellite tagging and cardiac physiology reveal niche expansion in salmon sharks[J]. Science,2005,310(5745):104-106.

[11] Prasanna Venkhatesh V. The navigation system of the brain[J]. Resonance,2015:401-415.

[12] Milford M,Schulz R. Principles of goal-directed spatial robot navigation in biomimetic models[J]. Philosophical transaction of the royal society B,2014,369(20130484).

[13] Erdem U M,Milford M J,Hasselmo M E. A hierarchical model of goal directed navigation selects trajectories in a visual environment[J]. Neurobiology of learning and memory,2014.

[14] Erdem U M,Hasselmo M. A Goal-directed spatial navigation model using forward trajectory planning based on grid cells[J]. European journal of neuroscience,2012,35:916-931.

[15] Erdem U M,Hasselmo M E. A biologically inspired hierarchical goal directed navigation model[J]. Journal of physiology. Paris. 2014,108:28-37.

[16] Chen Z,Jacobson A,Erdem U M,et al. Muti-scale bio-inspired place recognition[C]. Proceedings of the international conference on robotics and automation. Hong Kong convention and exhibition center. Hong Kong. China,2014.

[17] Ulrich I,Nourbakhsh I. Appearance based place recognition for topological localization[C]. Proceedings of the IEEE international conference on robotics and automation,2000.

[18] Oliva A,Torralba A. Modeling the shape of the scene:A holistic representation of the spatial envelope [J]. International journal of computer vision,2001,42(3):145-175.

[19] Liu M,Siegwart R. DP-FACT:Towards topological mapping and scene recognition with color for omnidirectional camera[C]. Proceedings of the IEEE international conference on robotics and automation,2012.

[20] Menegatti E,Maeda T,Ishiguro H. Image-based memory for robot navigation using properties of omnidi-

rectional images[J]. Robotics and autonomous systems,2004,47(4):251-267.

[21] Trzcinski T,Christoudias M,Fua P,et al. Boosting binary keypoint descriptors[C]. Proceedings of the international conference on computer vision and pattern recognition,2013.

[22] Viswanathan A,Pires B R,Huber D. Vision based robot localization by ground to satellite matching in GPS-denied situations[C]. Proceedings of the IEEE/RSJ international conference on intelligent robots and rystems,2014.

[23] Majdik A L,Verda D,Albers S Y,et al. Air-ground matching:Appearance-based GPS-denied urban localization of micro aerial vehicles[J]. Journal of field robotics,2015,32(7):1-25.

[24] Nistér D,Stewénius H. Scalable recognition with a vocabulary tree[C]. Proceedings of the conference on computer vision and pattern recognition,2006.

[25] Sivic J,Zisserman A. Video Google:A text retrieval approach to object matching in videos[C]. IEEE 9th international conference on computer vision (ICCV),Nice,France,2003.

[26] Cummins M,Newman P. FAB-MAP:Probabilistic localization and mapping in the space of appearance [J]. The international journal of robotics research,2008,27(6):647-665.

[27] Cummins M,Newman P. Appearance-only SLAM at large scale with FAB-MAP 2.0[J]. The international journal of robotics research,2010,30(9):1100-1123.

[28] Sünderhauf N,Dayoub F,Shirazi S,et al. On the performance of convnet features for place recognition [C]. Proceedings of the IEEE international conference on intelligent robots and systems (IROS),2015.

[29] Gaspar J,Winters N,Victor J S. Vision-based navigation and environmental representations with an omni-directional camera[J]. IEEE transactions on robotics and automation,2000,16(6):890-898.

[30] Milford M J,Wyeth G F,Prasser D. RatSLAM:A hippocampal model for simultaneous localization and mapping [C]. Proceedings of the international conference on robotics and automation. New Orleans,2004.

[31] Milford M J,Wyeth G F. Mapping a suburb with a single camera using a biologically inspired SLAM system[J]. IEEE transactions on robotics,2008,24(5):1038-1053.

[32] Dayoub F,Duckett T. An adaptive appearance-based map for long-term topological localization of mobile robots [C]. Proceedings of the IEEE/RSJ international conference on intelligent robots and systems,2008.

[33] Milford M J,Wyeth G F. SeqSLAM:Visual route-based navigation for sunny summer days and stormy winter nights[C]. Proceedings of the international conference on robotics and automation. River Centre. Saint Paul. Minnesota. USA,2012.

[34] Milford M. Vision-based place recognition:How low can you go? [J]. The international journal of robotics research,2013,32(7):766-789.

[35] Mount J,Milford M. 2D visual place recognition for domestic service robots at night[C]. Proceedings of the international conference on robotics and automation,2016.

[36] 侯建. 月球车立体视觉与视觉导航方法研究[D]. 哈尔滨:哈尔滨工业大学,2007.

[37] 朱宪伟. 基于结构特征的异源图像配准技术研究[D]. 长沙:国防科技大学,2009.

[38] Collett M,Collett T,Bisch S,et al. Local and global vectors in desert ant navigation[J]. Nature,1998,394(6690):269-272.

[39] Wehner R,Duelli P. The spatial orientation of desert ants,cataglyphis bicolor,before sunrise and after

sunset [J]. Experientia,1971,27(11):1364-1366.

[40] Labhart T. Polarization-opponent interneurons in the insect visual system[J]. Nature,1988,331:435 -437.

[41] Labhart T. How polarization-sensitive interneurones of crickets perform at low degrees of polarization[J]. The journal of experimental biology,1996,199:1467-1475.

[42] Henze M J,Labhart T. Haze,clouds and limited sky visibility:Polarotactic orientation of crickets under difficult stimulus conditions[J]. The journal of experimental biology,2007,210:3266-3276.

[43] Wehner R. Polarized-light navigation by insects[J]. Scientific american,1976:106-115.

[44] Shashar N,Johnsen S,Lerner A,et al. Underwater linear polarization:Physical limitations to biological functions[J]. Philosophical transactions of the royal society B,2011,366:649-654.

[45] Horváth G,Varju D. Polarized light in animal vision:Polarization patterns in nature [M]. Springer verlag,2004.

[46] Labhart T,Meyer E P. Neural mechanisms in insect navigation:Polarization compass and odometer[J]. Neurobiology of behaviour,2002,12:707-714.

[47] Labhart T. Polarization-sensitive interneurons in the optic lobe of the desert ant cataglyphis bicolor[J]. Naturwissenschaften,2000,87:133-136.

[48] Lambrinos D,Kobayashi H,Pfeifer R,et al. An autonomous agent navigating with a polarized light compass[J]. Adaptive behavior,1997,6(1):131-161.

[49] Lambrinos D,Möller R,Labhart T,et al. A mobile robot employing insect strategies for navigation[J]. Robotics and autonomous systems,2000,30:39-64.

[50] 赵开春,褚金奎,张强,等. 新型仿生偏振测角传感器及角度误差补偿算法[J]. 宇航学报,2009,30 (2):503-509.

[51] Karman S B,Diah S Z,Gebeshuber I C. Bio-inspired polarized skylight-based navigation sensors:A review[J]. Sensors,2012,12:14232-14261.

[52] 范宁生. 基于POL-神经元的仿生偏振光导航传感器研究[D]. 合肥:合肥工业大学,2011.

[53] Thakoor S,Morookian J M,Chahl J,et al. Bees:Exploring mars with bioinspired technologies[J]. Computer,2004,37(9):8-47.

[54] Higashi Y,Tokuami H,Kimura H. Robot navigation using polarized light sensor without crossed-analyzer [C]. Proceedings of the 6th international symposium on advanced science and technology in experimental mechanics. Osaka. Japan. 3-5 november,2011.

[55] Chahl J,Mizutani A. Biomimetic attitude and orientation sensors[J]. IEEE sensors journal,2012,12 (2):289-297.

[56] Chahl J,Mizutani A. Integration and flight test of a biomimetic heading sensor[C]. Proceedings of the bioinspiration,biomimetics,and bioreplication. Akhlesh lakhtakia,2013.

[57] Pust N J,Shaw J A. Digital all-sky polarization imaging of partly cloudy skies[J]. Applied optics,2008, 47(34):H190-198.

[58] Miyazaki D,Ammar M,Kawakami R,et al. Estimating sunlight polarization using a fish-eye lens[J]. IPSJ journal,2008,49(4):1234-1246.

[59] Horvath G,Barta A,Gal J,et al. Ground-based full-sky imaging polarimetry of rapidly changing skies and its use for polarimetric cloud detection[J]. Applied optics,2002,41(3):543-559.

[60] Gal J, Horvath G, Meyer-Rochow V, et al. Polarization patterns of the summer sky and its neutral points measured by full-sky imaging polarimetry in finnish lapland north of the arctic circle[J]. Proceedings of the royal society A, 2001, 457:1385-1399.

[61] Powell S B, Gruev V. Calibration methods for division-of-focal-plane polarimeters [J]. Optics express, 2013, 21(18):21039-21055.

[62] Gruev V, Perkins R, York T. CCD polarization imaging sensor with aluminum nanowire optical filters [J]. Optics express, 2010, 18(18):19087-19094.

[63] Sarkar M, Theuwissen A. A biologically inspired CMOS image sensor[M]. New York: Springer-Verlag Berlin Heidelberg, 2013.

[64] 姚弘轶. 面向仿生微纳导航系统的天空偏振光研究[D]. 大连: 大连理工大学, 2006.

[65] 赵开春. 仿生偏振导航传感器原理样机与性能测试研究[D]. 大连: 大连理工大学, 2008.

[66] Chu J, Zhao K, Zhang Q, et al. Construction and performance test of a novel polarization sensor for navigation[J]. Sensors and actuators A: Physical, 2008, 148:75-82.

[67] Chu J, Zhao K, Wang T, et al. Research on a novel polarization sensor for navigation[C]. Proceedings of the international conference on information acquisition. Jeju city. Korea, July 9-11, 2007.

[68] Chu J, Zhao K, Zhang Q, et al. Design of a novel polarization sensor for navigation[C]. Proceedings of the international conference on mechatronics and automation. Harbin. China, August 5-8, 2007.

[69] Zhao K, Chu J, Wang T, et al. A novel angle algorithm of polarization sensor for navigation[J]. IEEE transactions on instrumentation and measurement, 2009, 58(8):2791-2796.

[70] 褚金奎, 林林, 陈文静, 等. 基于 MSP430 的仿生偏振光导航传感器的设计与实现[J]. 传感器与微系统, 2012, 31(8):107-110.

[71] 范之国, 高隽, 魏靖敏. 仿沙蚁 POL-神经元的偏振信息检测方法的研究[J]. 仪器仪表学报, 2008, 29(4):745-749.

[72] 丁宇凯, 唐军, 王飞, 等. 仿生复眼光学偏振传感器及其大气偏振 E 矢量检测应用[J]. 传感技术学报, 2013, 26(12):1644-1648.

[73] 刘俊, 唐军, 申冲. 大气偏振光导航技术[J]. 导航定位与授时, 2015, 2(2):1-6.

[74] 王晨光, 唐军, 杨江涛, 等. 仿生偏振光检测系统的设计与实现[J]. 光电技术应用, 2016, 37(2): 260-265.

[75] 江云秋, 高晓颖, 蒋彭龙. 基于偏振光的导航技术研究[J]. 现代防御技术, 2011, 39(3):67-70.

[76] 李代林, 王向朝, 黄旭锋. 高精度偏振光导航仪 200520046905.9 [P]. 2005.11.25.

[77] 卢鸿谦, 黄显林, 尹航. 三维空间中的偏振光导航方法[J]. 光学技术, 2007, 32(3):412-415.

[78] 李明明, 卢鸿谦, 王振凯, 等. 基于偏振光及重力的辅助定姿方法研究[J]. 宇航学报, 2012, 33(8): 1087-1095.

[79] Xian Z, Hu X, Lian J, et al. A novel angle computation and calibration algorithm of bio-inspired sky-light polarization navigation sensor[J]. Sensors, 2014, 14(9):17068-17088.

[80] Ma T, Hu X, Lian J, et al. Compass information extracted from a polarization sensor using a least-squares algorithm[J]. Applied optics, 2014, 53(29):6735-6741.

[81] Ma T, Hu X, Lian J, et al. A novel calibration model of polarization navigation sensor[J]. IEEE sensors journal, 2015, 15(8):4241-4248.

[82] 王玉杰, 胡小平, 练军想, 等. 仿生偏振光定向算法及误差分析[J]. 宇航学报, 2015, 36(2):211

−216.

[83] Wang Y, Hu X, Lian J, et al. Design of a device for skylight polarization measurements[J]. Sensors, 2014,14(8):14916-14931.

[84] Ma T, Hu X, Zhang L, et al. An evaluation of skylight polarization patterns for navigation[J]. Sensors, 2015,15:5895-5913.

[85] O'Keefe J, Dostrovsky J. The hippocampus as a spatial map: Preliminary evidence from unit activity in the freely moving rat[J]. Brain research,1971,34:171-175.

[86] Hafting T, Fyhn M, Molden S, et al. Microstructure of a spatial map in the entorhinal cortex[J]. Nature, 2005,436(11):801-806.

[87] Milford M J, Wiles J, Wyeth G F. Solving navigational uncertainty using grid cells on robots[J]. PLoS computational biology,2010,6(11):e1000995.

[88] Giovannangeli C, Gaussier P, Desilles G. Robust mapless outdoor vision-based navigation[C]. Proceedings of the IEEE/RSJ international conference on intelligent robots and systems,2006.

[89] Steckel J, Peremans H. BatSLAM: Simultaneous localization and mapping using biomimetic sonar[J]. PLoS one,2013,8(1):e54076.

[90] 徐晓东. 移动机器人几何—拓扑混合地图构建及定位研究[D]. 大连:大连理工大学,2005.

[91] 邓剑文,安向京,贺汉根. 基于道路结构特征的自主车视觉导航[J]. 吉林大学学报(信息科学版),2004,22(4):415-419.

[92] 介鸣,黄显林,卢鸿谦. 使用多尺度光流法进行探月飞行器自主视觉导航[J]. 传感技术学报,2007,20(11):2508-2512.

[93] 刘伟军,董再励,郝颖明,等. 基于立体视觉的移动机器人自主导航定位系统[J]. 高技术通信,2001,11(10):91-94.

[94] 黄显林,姜肖楠,卢鸿谦,等. 自主视觉导航方法综述[J]. 吉林大学学报(信息科学版),2010,28(2):158-165.

[95] 管叙军,王新龙. 视觉导航技术发展综述[J]. 航空兵器,2014,(5):3-14.

[96] He X, Zhang L, Lian J, et al. Vision/odometer autonomous navigation based on RatSLAM for land vehicles[C]. Proceedings of the international conference on advances in mechanical engineering and industrial informatics,2015.

[97] 张潇,胡小平,张礼廉,等. 一种改进的 RatSLAM 仿生导航算法[J]. 导航与控制,2015,14(5).

[98] Akesson S, Hedenström A. How migrants get there: Migratory performance and orientation [J]. BioScience,2007,57(2):123-133.

[99] Quinn T P. Evidence for celestial and magnetic compass orientation in lake migrating sockeye salmon fry [J]. Journal of comparative physiology A,1980,137(3):243-248.

[100] Matsumura M, Watanabe Y Y, Robinson P W, et al. Underwater and surface behavior of homing juvenile northern elephant seals[J]. Journal of experimental biology,2011,214(4):629-636.

[101] Roswitha W, Ingo S, Patrick F, et al. The role of the magnetite-based receptors in the beak in homing pigeons[J]. Current biology cb,2010,20:1534-1538.

[102] Muheim R, Phillips J B, Akesson S. Polarized light cues underlie compass calibration in migratory songbirds [J]. Science,2006,313:837-839.

[103] Lohmann K J, Lohmann C M, Putman N F. Magnetic maps in animals: Nature's GPS[J]. Journal of ex-

perimental biology,2007,210(21):3697-3705.

[104] Bonadonna F,Benhamou S,Jouventin P. Orientation in,"featureless" environments:The extreme case of pelagic birds[M]. Berlin. Germany. Springer,2003.

[105] Tsoar A. Large-scale navigational map in a mammal[J]. Proceedings of the national academy of sciences of the united states of america,2011,108:E718-724.

[106] Sagiv M G,Las L,Yovel Y,et al. Spatial cognition in bats and rats:From sensory acquisition to multi-scale maps and navigation[J]. Neuroscience,2015,16(2):94-108.

[107] Wiltschko W,Wiltschko R. Global navigation in migratory birds:Tracks,strategies,and interactions between mechanisms[J]. Current opinion in neurobiology,2012,22:328-335.

[108] Luschi P. Long-distance animal migrations in the oceanic environment:orientation and navigation correlates[J]. ISRN zoology,2013,2013:1-23.

[109] Paul R,Newman P. Self-help:Seeking out perplexing images for ever improving topological mapping [J]. The international journal of robotics research,2013.

[110] Milford M,Wyeth G,Prasser D. Simultaneous localisation and mapping from natural landmarks using RatSLAM[C]. Proceedings of the 2004 Australasian conference on robotics and automation. Canberra,2004.

[111] Mueller T,O'Hara R B,Converse S J,et al. Social learning of migratory performance[J]. Science,2013, 341:999-1002.

[112] Bairlein F. Mysterious travelers revisited[J]. Science,2013,341:1065-1066.

[113] Merlin C,Heinze S,Reppert S M. Unraveling navigational strategies in migratory insects[J]. Current opinion in neurobiology,2012,22:353-361.

[114] Taube J S. The head direction signal:Origins and sensory-motor integration[J]. Annual review of neuroscience,2007,30:181-207.

[115] Lever C,Burton S,Jeewajee A,et al. Boundary vector cells in the subiculum of the hippocampal formation[J]. Journal of neuroscience,2009,29(31):9771-9777.

[116] Fyhn M,Hafting T,Witter M P,et al. Grid cells in mice[J]. Hippocampus,2008,18:1230-1238.

[117] Munkres J R. Topology(Second Edition)[M]. Prentice hall:Pearson education asia limited and machine press,2000.

[118] Adams C,Franzosa R. Introduction to topology pure and applied[M]. Prentice hall:Pearson education asia limited and China machine press,2008.

[119] 程吉树,陈水利. 点集拓扑学[M]. 北京:科学出版社,2008.

[120] Konolige K,Marder-Eppstein E,Marthi B,et al. Navigation in hybrid metric-topological maps[C]. IEEE international conference on robotics and automation(ICRA),2011.

[121] Kuipers B,Modayil J,Beeson P,et al. Local metrical and global topological maps in the hybrid spatial semantic hierarchy[C]. Proceedings of the IEEE international conference on robotics and automation. New orleans. Louisiana,2004.

[122] Bosse M,Newman P,Leonard J,et al. An atlas framework for scalable mapping[C]. IEEE international conference on robotics and automation,2013.

[123] Glover A J,Maddern W P,Milford M J,et al. FAB-MAP + RatSLAM:Appearance-based SLAM for multiple times of day[C]. Proceedings of the 2010 IEEE international conference on robotics and auto-

mation. Anchorage. Alaska,2010.

[124] Dedeoglu G,Mataric M J,Sukhatme G S. Incremental,on-line topological map building with a mobile robot[C]. Proceedings of mobile robots XIV. Photonics east conference. SPIE,1999.

[125] Kuipers B. The spatial semantic hierarchy[J]. Artificial intelligence,2000,119:191-233.

[126] O'Keefe J,Conway D H. Hippocampal place units in the freely moving rat:Why they fire where they fire [J]. Experimental brain research,1978,31(4):573-590.

[127] Stensola H,Stensola T,Solstad T,et al. The entorhinal grid map is discretized[J]. Nature,2012,492 (6):72-78.

[128] Derdikman D. Are the boundary-related cells in the Subiculum boundary-vector cells? [J]. The journal of neuroscience,2009,29(43):13429-13431.

[129] Taube J S,Muller R U. Head direction cells recorded from the postsubiculum in freely moving rats[J]. Journal of neuroscience,1990,10(2):420-447.

[130] Ranck J. Head direction cells in the deep cell layer of dorsal presubiculum in freely moving rats[J]. Society neuroscience abstracts,1984,10:599.

[131] Mcnaughton B L,Barnes C A,Meltzer J,et al. Hippocampal granule cells are necessary for normal spatial learning but not for spatially-selective pyramidal cell discharge [J]. Experimental brain research,1989,76(3):485-496.

[132] Quirk G J,Muller R U,Kubie J L,et al. The positional firing properties of medial entorhinal neurons: Description and comparison with hippocampal place cells[J]. The journal of neuroscience,1992,12 (5):1945-1963.

[133] Brun V H,Otnass M K,Molden S,et al. Place cells and place recognition maintained by direct entorhinal-hippocampal circuitry[J]. Science,2002,296:2243-2246.

[134] Yhn M F,Smolden,Pwitter M,et al. Spatial representation in the entorhinal cortex[J]. Science,2004, 305:1258-1264.

[135] Boccara C N,Sargolini F,Thoresen V H,et al. Grid cells in pre-and parasubiculum[J]. Nature neuroscience,2010,13:984-994.

[136] Moser E I,Roudi Y,Witter M P,et al. Grid cells and corticalre presentation[J]. Nature reviews neuroscience,2014,15:466-481.

[137] Buzsáki G,Moser E I. Memory,navigation and theta rhythm in the hippocampal-entorhinal system[J]. Nature neuroscience,2013,16(2):130-138.

[138] Derdikman D,Whitlock J R,Tsao A,et al. Fragmentation of grid cell maps in a multicompartment environment[J]. Nature neuroscience,2009,12(10):1325-1332.

[139] Mathis A,Herz A V,Stemmler M. Optimal population codes for Space:Grid cells outperform place cells [J]. Neural computation,2012,24:2280-2317.

[140] Moser E I,Moser M B,Roudi Y. Network mechanisms of grid cells[J]. Philosophical transaction of the royal society B,2014,369:20120511.

[141] Brun V H,Solstad T,Kjelstrup K B,et al. Progressive increase in grid scale from dorsal to ventral medial entorhinal cortex[J]. Hippocampus,2008,18:1200-1212.

[142] Barry C,Hayman R,Burgess N,et al. Experience-dependent rescaling of entorhinal grids[J]. Nature neuroscience,2007,10:682-684.

[143] Roudi Y, Moser E I. Grid cells in an inhibitory network[J]. Nature neuroscience, 2014, 17(5):639 -641.

[144] Couey J J, Witoelar A, Zhang S J, et al. Recurrent inhibitory circuitry as a mechanism for grid formation [J]. Nature neuroscience, 2013, 16(3):318-326.

[145] Burak Y, Fiete IR. Accurate path integration in continuous attractor network models of grid cells[J]. PLoS computational biology, 2009, 5(2):e1000291.

[146] Jeewajee A, Barry C, O'Keefe J, et al. Grid cells and theta as oscillatory interference: Electrophysiological data from freely moving rats[J]. Hippocampus, 2008, 18:1175-1185.

[147] Hasselmo M E. Grid cell mechanisms and function: Contributions of entorhinal persistent spiking and phase resetting[J]. Hippocampus, 2008, 18:1213-1229.

[148] Burgess N, Barry C, O'Keefe J. An oscillatory interference model of grid cell firing[J]. Hippocampus, 2007, 17(9):801-812.

[149] Moser E I, Kropff E, Moser M B. Place cells, grid cells, and the brain' spatial representation system[J]. Annual review of neuroscience, 2008, 31:69-89.

[150] Giocomo L M, Moser M B, Moser E I. Computational models of grid cells[J]. Neuron, 2011, 71:589 -603.

[151] Kropff E, Treves A. The emergence of grid cells: Intelligent design or just adaptation? [J]. Hippocampus, 2008, 18:1256-1269.

[152] Hasselmo M E, Giocomo L M, Zilli E A. Grid cell firing may arise from interference of theta frequency membrane potential oscillations in single neurons[J]. Hippocampus, 2007, 17(12):1252-1271.

[153] O'Keefe J, Burgess N. Dual phase and rate coding in hippocampal place cells: Theoretical significance and relationship to entorhinal grid cells[J]. Hippocampus, 2005, 15:853-866.

[154] Alonso A, Llinas R R. Subthreshold na-dependent theta-like rhythmicity in stellate cells of entorhinal cortex layer II[J]. Nature, 1989, 342:175-177.

[155] Blair H T, Gupta K, Zhang K. Conversion of a phase to a rate coded position signal by a three stage model of theta cells, grid cells, and place cells[J]. Hippocampus, 2008, 18(12):1239-1255.

[156] Giocomo L M, Hasselmo M E. Computation by oscillations: Implications of experimental data for theoretical models of grid cells[J]. Hippocampus, 2008, 18:1239-1255.

[157] McNaughton B L, Battaglia F P, Jensen O, et al. Path integration and the neural basis of the "cognitive map"[J]. Nature reviews neuroscience, 2006, 7:663-678.

[158] Fuhs M C, Touretzky D S. A spin glass model of path integration in rat medial entorhinal cortex[J]. Journal of neuroscience, 2006, 26:4266-4276.

[159] Pastoll H, Solanka L, Rossum M C, et al. Feedback inhibition enables theta-nested gamma oscillations and grid firing fields[J]. Neuron, 2013, 77:141-154.

[160] Jacobson A, Chen Z, Milford M. Autonomous movement-driven place recognition calibration for generic multi-sensor robot platforms[C]. Proceedings of the IEEE/RSJ international conference on intelligent robots and systems (IROS), Tokyo, Japan, November 3-7, 2013.

[161] O'Keefe J, Nadel L. The hippocampus as a cognitive map[M]. Clarendon. Oxford university press, 1978.

[162] Allen T A, Fortin N J. The evolution of episodic memory[J]. PNAS, 2013, 110(2):10379-10386.

[163] O'Keefe J. Place units in the hippocampus of the freely moving rat[J]. Experimental neurology, 1976, 51:78-109.

[164] Olton D S, Branch M, Best P J. Spatial correlates of hippocampal unit activity[J]. Experimental neurology, 1978, 58:387-409.

[165] McNaughton B L, Barnes C A, O'Keefe J. The contributions of position, direction, and velocity to single unit activity in the hippocampus of freely-moving rats[J]. Experimental brain research, 1983, 52:41-49.

[166] Muller R U, Kubie J L, Ranck J B. Spatial firing patterns of hippocampal complex-spike cells in a fixed environment[J]. Jounal of neuroscience, 1987, 7:1935-1950.

[167] Witter M P, Moser E I. Spatial representation and the architecture of the entorhinal cortex[J]. Trends in neurosciences, 2006, 29(12):671-678.

[168] Jung M W, McNaughton B L. Spatial selectivity of unit activity in the hippocampal granular layer[J]. Hippocampus, 1993, 3(2):165-182.

[169] Barnes C A, McNaughton B L, Mizumori S J, et al. Comparison of spatial and temporal characteristics of neuronal activity in sequential stages of hippocampal processing[J]. Progress in brain rexarch, 1990, 83:287-300.

[170] Alme C B, Miao C, Jezek K, et al. Place cells in the hippocampus: Eleven maps for eleven rooms[J]. Proceedings of the national academy of sciences of the united states of america, 2014, 111(52):18428-18435.

[171] Hayman R, Verriotis M, Jovalekic A, et al. Anisotropic encoding of three-dimensional space by place cells and grid cells[J]. Nature neuroscience, 2012, 14(9):1182-1188.

[172] Muller R U, Kubie J L. The effects of changes in the environment on the spatial firing of hippocampal complex-spike cells[J]. Jounal of neuroscience, 1987, 7:1951-1968.

[173] Fyhn M, Hafting T, Treves A, et al. Hippocampal remapping and grid realignment in entorhinal cortex [J]. Nature, 2007, 446:190-194.

[174] Derdikman D, Moser E I. A manifold of spatial maps in the brain[J]. Trends in cognitive sciences, 2010, 14:561-569.

[175] Lee I, Yoganarasimha D, Rao G, et al. Comparison of population coherence of place cells in hippocampal subfields CA1 and CA3[J]. Nature, 2004, 430:456-459.

[176] O'Keefe J, Burgess N. Geometric determinants of the place fields of hippocampal neurons[J]. Nature, 1996, 381:425-428.

[177] Wilson M A, McNaughton B L. Dynamics of the hippocampal ensemble code for space[J]. Science, 1993, 261:1055-1058.

[178] Colgin L L, Moser E I, Moser M B. Understanding memory through hippocampal remapping[J]. Trends in neurosciences, 2008, 31:469-477.

[179] Solstad T, Moser E I, Einevoll GT. From grid cells to place cells: A mathematical model[J]. Hippocampus, 2006, 16:1026-1031.

[180] Moser E, Roudi Y, Witter M, et al. Grid cells and cortical representation[J]. Neuroscience, 2014:1-16.

[181] Azizi A H, Schieferstein N, Cheng S. The transformation from grid cells to place cells is robust to noise in the grid pattern[J]. Hippocampus, 2014, 24:912-919.

[182] Monaco J D, Abbott L F. Modular realignment of entorhinal grid cell activity as a basis for hippocampal

remapping[J]. Journal of neuroscience,2011,31(25):9414-9425.

[183] Rolls E T,Stringer S M,Ellio T. Entorhinal cortex grid cells can map to hippocampal place cells by competitive learning[J]. Netwok,2006,17:447-465.

[184] Almedia L,Idiart M,Lisman J E. The input-output transformation of the hippocampal granule cells: From grid cells to place cells[J]. Journal of neuroscience,2009,29(7504-7512).

[185] Zhang S J. Optogenetic dissection of entorhinal-hippocampal functional connectivity[J]. Science,2013, 340:1232627.

[186] Savelli F,Yoganarasimha D,Knierim J. Influence of boundary removal on the spatial representations of the medial entorhinal cortex[J]. Hippocampus,2008,18:1270-1282.

[187] Solstad T,Boccara C N,Kropff E,et al. Representation of geometric borders in the entorhinal cortex[J]. Science,2008,322:1865-1868.

[188] Wiener S I,Paul C A,Eichenbaum H. Spatial and behavioral correlates of hippocampal neuronal activity [J]. Jounal of neuroscience,1989,9:2737-2763.

[189] Gothard K M,Skaggs W E,McNaughton B L. Dynamics of mismatch correction in the hippocampal ensemble code for space:Interaction between path integration and environmental cues[J]. Journal of neuroscience,1996,16:8027-8040.

[190] McNaughton B L. Deciphering the hippocampal polyglot:The hippocampus as a path integration system [J]. Journal of experimental biology,1996,199:173-185.

[191] Chen G,King J A,Burgess N,et al. How vision and movement combine in the hippocampal place code [J]. Pnas,2013,110:378-383.

[192] Ravassard P. Multisensory control of hippocampal spatiotemporal selectivity[J]. Science,2013,340: 1342-1346.

[193] Kropff C E,Carmichael J E,Baldi R,et al. Modulation of hippocampal and entorhinal theta frequency by running speed and acceleration[J]. Society neuroscience abstracts,2013,39:769.709.

[194] Marozzi E,Jeffery K J. Place,space and memory cells [J]. Current biology. Elsevier. 2012:R939 -R942.

[195] Castro L,Aguiar P. A feedforward model for the formation of a grid field where spatial information is provided solely from place cells[J]. Biological cybernetics,2014,108:133-143.

[196] Hebb D. The organization of behavior[M]. New York:Wiley,1949.

[197] Glover A,Maddern W,Warren M,et al. OpenFABMAP:An open source toolbox for appearance-based loop closure detection[C]. Proceedings of the international conference on robotics and automation. River center. Saint Paul,2012.

[198] Filliat D. A visual bag of words method for interactive qualitative localization and mapping[C]. Proceedings of the IEEE international conference on robotics and automation,2007.

[199] Ho K,Newman P. Detecting loop closure with scene sequences[J]. International journal of computer vision,2007,74(3):261-286.

[200] Ulanovsky N,Moss C F. What the bat's voice tells the bat's brain[J]. Pnas,2008,105:8491-8498.

[201] Sturzl W,Carey N. A Fisheye camera system for polarisation detection on UAVs[C]. Proceedings of the computer vision,ECCV 2012 workshops and demonstrations. Florence. Italy. October,7-13,2012.

[202] Pomozi I,Horvath G,Wehner R. How the clear-sky angle of polarization pattern continues underneath

clouds:Full-sky measurements and implications for animal orientation[J]. The journal of experimental biology,2001,204:2933-2942.

[203] Suhai B,Horvath G. How well does the Rayleigh model describe the E-vector distribution of skylight in clear and cloudy conditions? A full-sky polarimetric study[J]. Journal of the optical society of america A,2004,21(9):1669-1676.

[204] Kreuter A, Zangerl M, Schwarzmann M, et al. All-sky imaging:A simple, versatile system for atmospheric research[J]. Applied optics,2009,48(6):1091-1097.

[205] Raymond L,Samudio O R. Spectral polarization of clear and hazy coastal skies[J]. Applied optics, 2012,51(31):7499-7508.

[206] Kreuter A,Blumthaler M. Feasibility of polarized all-sky imaging for aerosol characterization[J]. Atmos meas tech,2013,6:1845-1854.

[207] Brines M L,Gould J L. Skylight polarization patterns and animal orientation[J]. The journal of experimental biology,1982,96:69-91.

[208] 麦卡特尼. 大气光学[M]. 北京:科学出版社,1988.

[209] Grena R. An algorithm for the computation of the solar position [J]. Solar energy,2008,2008(82):462-470.

[210] 龙槐生,张仲先. 光的偏振及其应用[M]. 北京:机械工业出版社,1989.

[211] 新谷隆一,范爱英,康昌鹤. 偏振光[M]. 北京:原子能出版社,1994.

[212] Goldstein D. Polarized light[M]. New York:Marcel Dekker,Inc.,2003.

[213] Mingming L,Hongqian L,Hang Y,et al. Calibration and error analysis for polarized-light navigation sensor [C]. Proceedings of the international conference on electric information and control engineering. Wuhan. China. IEEE,2011.

[214] Labhart T,Meyer E P. Detectors for polarized skylight in insects:A survey of ommatidial specializations in the dorsal rim area of the compound eye[J]. Microscopy research and technique,1999,47:368-379.

[215] Mote M I,Wehner R. Functional characteristics of photoreceptors in the compound eye and ocellus of the desert ant,Cataglyphis bicolor[J]. Journal of comparative physiology A,1980,137:63-71.

[216] 雷德明,严新平. 多目标只能优化算法及其应用[M]. 北京:科学出版社,2008.

[217] Branke J, Deb K, Miettinen K, et al. Multiobjective optimization [M]. Berlin Heidelberg:Springer science business media,2008.

[218] Deb K,Pratap A,Agarwal S,et al. A Fast and elitist multiobjective genetic algorithm:NSGA-II[J]. IEEE transactions on evolutionary computation,2002,6(2):182-197.

[219] 李明明. 偏振光/地磁/GPS/SINS 组合导航算法研究[D]. 哈尔滨:哈尔滨工业大学,2008.

[220] Blanco M,Alarcon D C,Lopezmoratalla T,et al. Computing the solar vector[J]. Solar energy,2001,70(5):431-441.

[221] Chang T P. The Sun's apparent position and the optimal tilt angle of a solar collector in the northern hemisphere[J]. Solar energy,2009,2009(83):1274-1284.

[222] Reda I,Andreas A. Solar position algorithm for solar radiation applications[J]. Solar energy,2004,2004(76):577-589.

[223] 袁信,张洵. 太阳方位算法的研究与设计[J]. 天津航海,2011,1-4(3).

[224] Michalsky J. The astronomical almanac's algorithm for the approximate solar position (1950-2050)

［J］. Solar energy,1988,40(3):227-235.

［225］ 高宏伟. 计算机双目立体视觉［M］. 北京:电子工业出版社,2012.

［226］ Hartley R,Zisserman A. Multiple view geometry in computer vision［M］. New York,USA:Cambridge university press,2002.

［227］ Moravec H P. Obstacle avoidance and navigation in the real world by a seeing robot rover［M］. DTIC Document,1980.

［228］ Kaess M,Ni K,Dellaert F,et al. Flow separation for fast and robust stereo odometry［C］. Proceedings of the IEEE international conference on robotics and automation,2009.

［229］ Howard A. Real-time stereo visual odometry for autonomous ground vehicles［C］. Proceedings of the IEEE/RSJ international conference on robots and systems,2008.

［230］ Kitt B,Geiger A,Lategahn H. Visual odometry based on stereo image seqences with RANSAC-based outlier rejection scheme［C］. Intelligent vehicles symposium (IV). IEEE,2010.

［231］ Klein G,Murray D. Parallel tracking and mapping for small AR workspaces［C］. Proceedings of the IEEE and ACM international symposium on mixed and augmented reality,2007.

［232］ Geiger A,Ziegler J,Stiller C. Stereoscan:3D reconstruction in real-time［C］. Proceedings of the IEEE intelligent vehicles symposium. Baden-Baden. Germany. 5-9 January,2011.

［233］ Forster C,Pizzoli M,Scaramuzza D. SVO:Fast semi-direct monocular visual odometry［C］. Proceedings of the IEEE international conference on robotics and automation,2014.

［234］ Madsen K,Nielsen H B,Tingleff O. Methods for non-linear least squares problems［M］. Lyngby:Informatics and mathematical modelling. Technical university of denmark,2004.

［235］ Kong X,Wu W,Zhang L,et al. Tightly-coupled stereo visual-inertial navigation using point and line features［J］. Sensors,2015,15:12816-12833.

［236］ Xian Z,Hu X,Lian J. Fusing stereo camera and low-cost inertial measrement unit for autonomous navigation in a tightly coupled approach［J］. Journal of navigation,2015,68(3):434-452.

［237］ Corke P,Lobo J,Dias J. An introduction to inertial and visual sensing［J］. The international journal of robotics research,2007,26(6):519-535.

［238］ 马昌凤. 最优化方法及其 Matlab 程序设计［M］. 北京:科学出版社,2009.

［239］ 梁明杰,闵华清,罗荣华. 基于图优化的同时定位与地图创建综述［J］. 机器人,2013,35(4):500 -512.

［240］ Frese U,Larsson P,Duckett T. A Multilevel relaxation algorithm for simultaneous localization and mapping［J］. IEEE transactions on robotics,2005,21(2):196-207.

［241］ Grisetti G,Kummerle R,Stachniss C,et al. Hierarchical optimization on manifolds for online 2D and 3D mapping［C］. Proceedings of the IEEE international conference on robotics and automation. Anchorage. AK. IEEE,2010.

［242］ Kuemmerle R,Grisetti G,Strasdat H,et al. g^2o:A general framework for graph optimization［C］. Proceedings of the IEEE international conference on robotics and automation (ICRA),2011.

［243］ Ball D,Heath S,Wiles J,et al. OpenRatSLAM:An open source brain-based SLAM system［J］. Autonomous robots,2013,34:149-176.

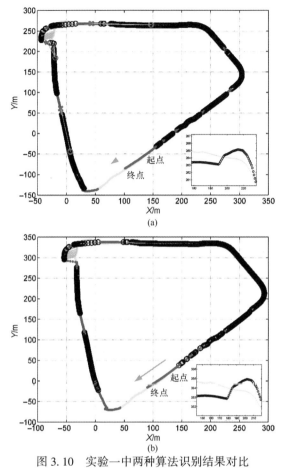

图 3.10　实验一中两种算法识别结果对比

（a）网格细胞法识别结果；（b）位置细胞法识别结果。

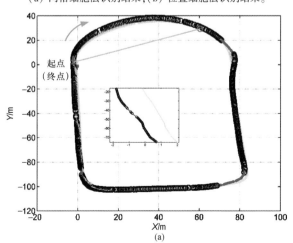

（a）

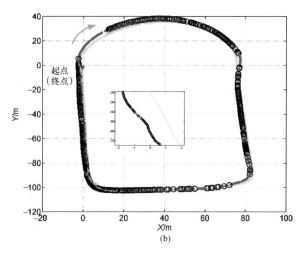

(b)

图 3.15　实验二中两种算法识别结果对比

（a）网格细胞法识别结果；（b）位置细胞法识别结果。

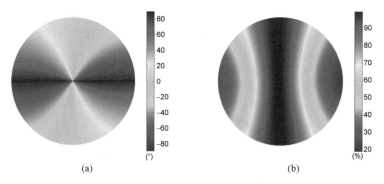

(a)　　　　　　　　　　　　　　　　(b)

图 4.8　晴朗天空的理论偏振样式

（a）偏振角的理论样式；（b）偏振度的理论样式。

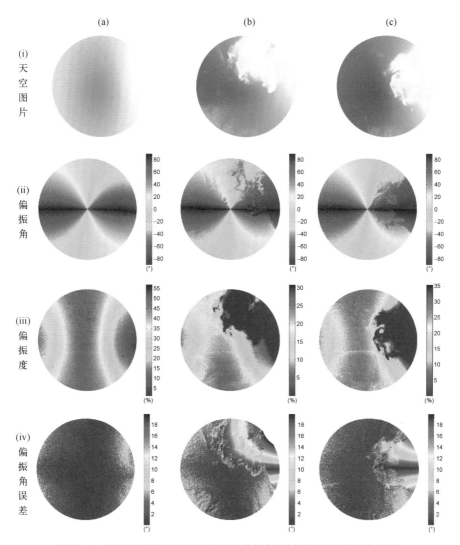

图 4.9　3 种天空情况下测量得到的偏振角、偏振度以及偏振角误差

（a）Clear Sky；（b）Cloudy Sky I；（c）Cloudy Sky II。

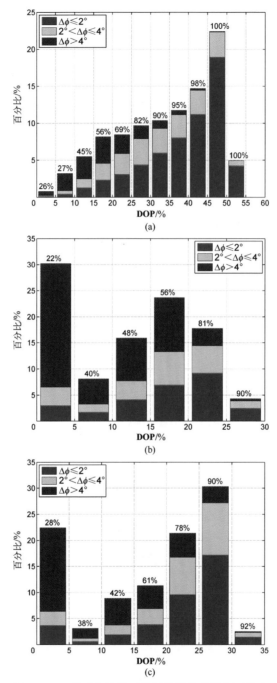

图 4.11　3 种天空情况下偏振角误差的累积百分比

（a）Clear Sky；（b）Cloudy Sky Ⅰ；（c）Cloudy Sky Ⅱ。